铀矿山地下水铀污染吸附技术和机制

曾 华 郭亚丹 高 柏 著

中国原子能出版社

图书在版编目（CIP）数据

铀矿山地下水铀污染吸附技术和机制 / 曾华，郭亚丹，高柏著. — 北京：中国原子能出版社，2020.12
ISBN 978-7-5221-1114-8

Ⅰ. ①铀… Ⅱ. ①曾… ②郭… ③高… Ⅲ. ①铀矿—地下水污染—污染控制 Ⅳ. ①X523

中国版本图书馆 CIP 数据核字（2020）第 234996 号

内容简介

本书以我国南方某铀矿区为例，通过吸附剂吸附试验，研究吸附剂技术修复铀矿区铀污染地下水的方法，重点探讨吸附剂修复技术在铀矿山地下水修复实践中的可行性。该研究成果将丰富放射性污染地下水修复的理论，为铀矿冶放射性污染地下水的修复提供理论基础和技术支撑，为放射性污染地下水的安全持续利用及应对当前我国大面积矿山地下水污染问题提供一个新思路。

本书可作为环境科学与工程、地下水学等学科普通高等学校研究生教材学习使用，也可供有关专业科研工作者、工程技术和管理人员，政府、矿山企业负责环境保护工作的人员参考使用。

铀矿山地下水铀污染吸附技术和机制

出版发行	中国原子能出版社（北京市海淀区阜成路 43 号　100048）		
策划编辑	韩　霞		
责任编辑	韩　霞		
装帧设计	赵　杰		
责任校对	宋　巍		
责任印制	赵　明		
印　　刷	北京金港印刷有限公司		
经　　销	全国新华书店		
开　　本	787 mm×1092 mm　1/16		
印　　张	8.75	**字　　数**	202 千字
版　　次	2020 年 12 月第 1 版　2020 年 12 月第 1 次印刷		
书　　号	ISBN 978-7-5221-1114-8	**定　　价**	**72.00** 元

发行电话：010-68452845

《铀矿山环境修复系列丛书》

主要作者

孙占学　高　柏　陈井影　马文洁
曾　华　李亦然　郭亚丹　刘媛媛

此套丛书为以下项目资助成果

河北省重点研发计划（18274216D）
核资源与环境国家重点实验室（Z1507）
江西省双一流优势学科“地质资源与地质工程”
江西省国土资源厅（赣国土资函［2017］315号）
江西省自然科学基金（20132BAB203031、20171BAB203027）
国家自然科学基金（41162007、41362011、41867021、21407023、21966004、41502235）

总序

PREFACE

核军工是打破核威胁霸权、维持我国核威慑、维护世界核安全的有效保障。铀资源是国防军工不可或缺的战略资源，是我国实现从核大国向核强国地位转变的根本保障。铀矿开采为我国核能和核技术的开发利用提供了铀资源保证，铀矿山开采带来的放射性核素和重金属离子对生态环境造成的风险日益受到政府和社会高度关注，铀矿山生态环境保护和生态修复被列入《核安全与放射性污染防治十三五规划及2025年远景目标》。

创办于1956年的东华理工大学是中国核工业第一所高等学校，是江西省人民政府与国家国防科技工业局、自然资源部、中国核工业集团公司共建的具有地学和核科学特色的多科性大学。学校始终坚持国家利益至上、民族利益至上的宗旨，牢记服务国防军工的历史使命，形成了核燃料循环系统9个特色优势学科群，核地学及涉核相关学科所形成的人才培养和科学研究体系，为我国核大国地位的确立、为国防科技工业发展和地方经济建设作出了重要贡献。

为进一步促进我国铀矿山生态环境保护和生态文明建设，东华理工大学高柏教授团队依托核资源与环境国家重点实验室、放射性地质国家级实验教学示范中心、放射性地质与勘探技术国防重点学科实验室、国际原子能机构参比实验室等高水平科研平台，在“辐射防护与环境保护”国家国防特色学科和“地质资源与地质工程”双一流建设学科支持下，针对新时期我国核工业发展中迫切需要解决退役铀矿山放射性废物治理和生态环境保护等重要课题进行了系列研究。主要成果包括典型放射性污染场地土水系统中放射性污染物的时空分布特征和迁移转化机制，识别影响放射性污染物时空分布的关键因子，建立土水系统中放射性污染物时空分布的量化表达方法；研发放射性污染土壤高效化学淋洗药剂和功能化磁性吸附材料，识别影响化学淋洗和磁清洗修复效果的关键因素，研发铀矿区重度放射性污染土壤化学淋洗技术、磁清洗技术以及清洗浓集液中铀的分离回收利用与处置技术；筛选适用于放射性污染场地土壤修复的铀超富集植物，探索缓释螯合剂/微生物/植物联合修复技术；应用验证放射性污染场地的土一水联合修复技术集成与工程示范，形成可复制推广的技术方案。

这些成果有助于解决铀矿山放射性污染预防和污染修复核心科学问题，奠定铀矿山放射性污染治理和生态保护理论基础，可为我国“十四五”铀矿区核素污染治理计划的顺利实施提供重要的理论基础和技术支撑。

前言

PREFACE

近年来，随着铀资源的开采与利用，包括铀矿挖掘精炼，核燃料元件的生产制造，核电站事故导致的放射性核素的泄露以及一些科研活动都会产生一定的含铀放射性废水。铀矿山地下水铀污染具有污染面积广、治理难等特点，传统的物理、化学方法虽表现出较好的修复效果，但难以适用于污染范围大的铀矿区地下水污染治理，廉价、环保的高性能吸附技术是解决大面积铀矿山土壤污染问题的关键。因此，有必要针对相关问题进行研究，进而为铀矿山地下水的修复提出具体的解决方案。

本书以铀矿山含铀地下水为研究对象，选取纳米零价铁、羟基磷灰石、镁铁 LDH 等材料为吸附剂，主要研究内容包括：① 采用液相还原法制备纳米 Fe^0 和 Fe^0-HAP，共沉淀法制备纳米 Fe_3O_4 和 Fe_3O_4-HAP，对比不同材料对铀的吸附性能，筛选出活性、比表面积大，吸附铀性能更好的 Fe^0-HAP 复合材料；② 采用超声辅助合成方法制备了 Mg/Fe-LDH@nHAP 复合材料，并且通过表征研究发现 Mg/Fe-LDH@nHAP 复合材料具有较大的比表面积（231.4 $m^2 \cdot g^{-1}$）以及丰富的羟基和磷酸根基团，有利于对 U（Ⅵ）的吸附。③ 借助 GMS 软件，结合 PRB 动态实验结果，建立一维溶质运移模型，模拟了 PRB 动态柱中铀污染物浓度随时间的变化曲线，从而得到了铀污染物在 PRB 中的迁移过程。通过上述研究，探究了几种不同吸附技术对铀污染地下水的治理作用机制，研究成果为铀矿山地下水的治理实践提供了研究基础。

本丛书是江西省教育厅科技计划项目“纳米铁固定土壤—水稻体系中铀的影响因素及机理研究”（GJJ150577），国家自然科学基金资助项目“低浓度含铀 U（Ⅵ）废水的光催化还原技术和机理研究”（21407022）、“地下水中铀污染物在 PRB 中的迁移规律及长效性研究”（41562011），江西省自然科学基金项目“铀矿山土壤中核素污染羽状体特征及形成机理”（20132BAB203031）资助成果。

本丛书是团队成员集体劳动成果和智慧结晶。主要作者有：曾华、郭亚丹、高柏。参与工作人员有：宣铿、郭耀萍、宫志恒、李晨曦、王娟、杨帆、李帅航、李伊帆、蒋文波、林聪业、张海阳、牛天洋、侯恺、陈士昆、郭怡秦、庞靖皓、高扬、凌慧兰。

目录
CONTENTS

第1章

绪 论

1.1 铀矿山地下水污染现状

随着现代工业和科技的发展，能源已成为限制人类发展的重要因素。核能因具有成熟的技术，能持续提供大规模的电力，又具有良好的环保优势，可缓解能源需求、减轻能源和环境压力，备受世界各国的关注和支持，被认为是具有良好发展前景的清洁能源[1-2]。经合组织国家原子能机构和国际原子能机构发布的 Uranium 2018：Resources，Production and Demand（'Red Book'）数据显示，截至2017年1月1日，世界各国核电开发情况[3]见图1.1。

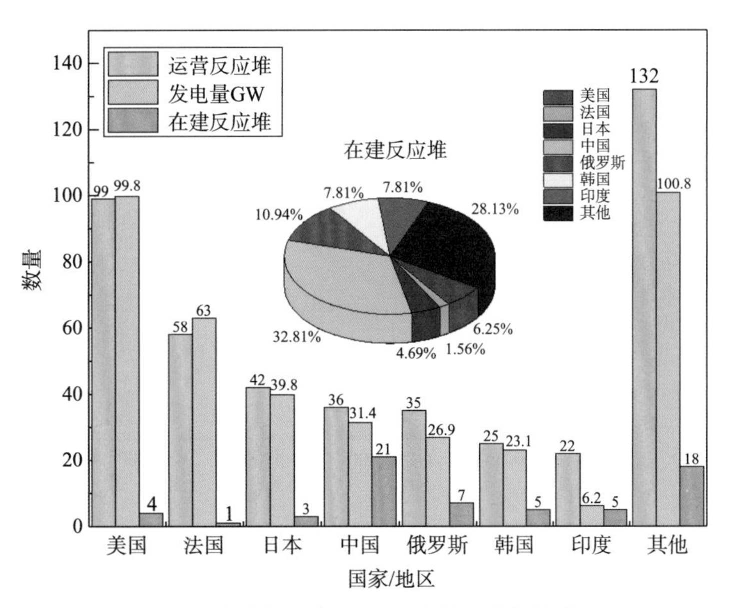

图1.1 全球各国家/地区历史核电数据统计图

铀（U）为天然放射性元素，位于元素周期表中第七周期ⅢB族，表现为银白色金属，熔点为1132.5 ℃，沸点为3745 ℃，密度18.95 g·cm^{-3}。铀的所有同位素均有放射性，常见的有U（Ⅲ），U（Ⅳ），U（Ⅴ），U（Ⅵ）四种价态，金属铀和U（Ⅲ）

在自然界中不存在；U（Ⅴ）由于铀离子会发生歧化反应，存在稀少并且难以长存；U（Ⅳ）和 U（Ⅵ）化合物为稳定态，因此自然界中的铀主要以 U（Ⅳ）和 U（Ⅵ）两种价态存在。其中 U（Ⅵ）主要以 UO_2^{2+} 的形式存在，离子半径相对较大为 3.2×10^{-8} cm，更容易溶解迁移。U（Ⅳ）的离子半径约为 1.05×10^{-8} cm，溶解度较低易于沉淀。自然界中的很多岩石矿中都含有铀，但是只有钒钾铀矿和沥青铀矿中铀含量较高，泥土、矿石和水体中的铀的含量极低。

铀属于重金属元素，有毒性，一旦进入生物体中会产生体内照射，射线在体内所引起的辐射损伤累积，其化学毒性会引起一些病变和各种并发症[3-4]。若这些含铀放射性废水没有通过处理就排放到环境中，会污染气体、水源以及土壤，进而威胁到生物体以及人类的健康。因此，不管从核能可持续利用，还是从生态环境保护和人类的生存健康角度出发，对含铀放射性污染物的处理与处置都非常重要。目前，全世界已经探明的铀矿储量约为 3.65×10^6 t，这其中加拿大、澳大利亚和哈萨克斯坦的铀资源储量约占全球 70%[1]。有关统计显示[3]，世界各国历史铀的累计生产量很不均衡，截至 2017 年1 月1 日的统计数据如图 1.2 所示。我国铀矿资源储量少，已探明的铀矿储量约为 6.50×10^4 t，年产量约 700 t，铀资源分布范围广、类型多、规模小、品位低、埋藏浅[4-5]。

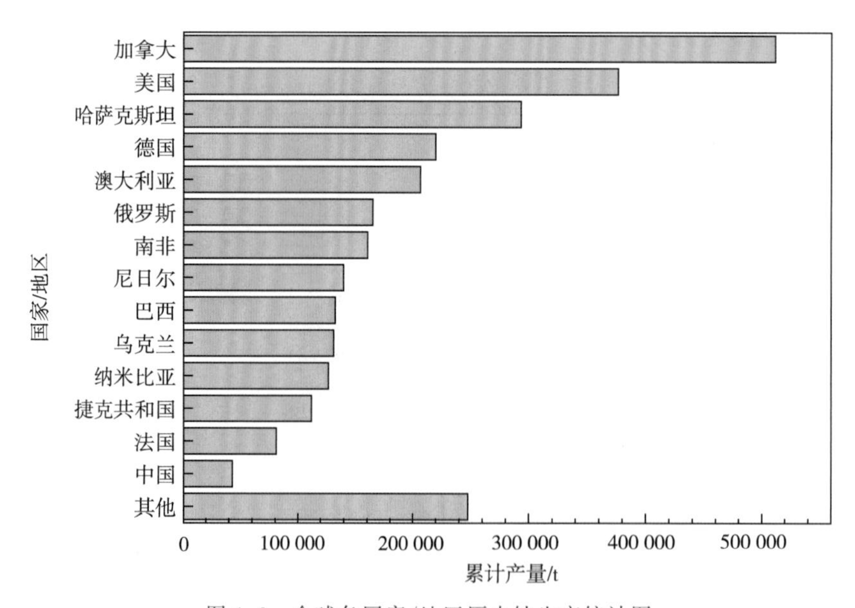

图 1.2　全球各国家/地区历史铀生产统计图

近年来，随着铀资源的开采与利用，包括铀矿挖掘精炼，核燃料原件的生产制造，核电厂事故导致的放射性核素的泄漏以及一些科研活动都会产生一定的含铀放射性废水。产生的含铀废水主要的来源及特点如下：

(1) 铀矿冶企业在对铀矿石进行处理和提炼过程中会排放出大量的含铀废水，其中含铀浓度比较高的废水会对环境造成一定的危害。

(2) 当铀矿石在铀矿冶企业完成加工后要对其进行运输，在运输过程中可能会出现管道的破裂泄漏，运输车的沾染、雨水冲洗泄漏，废矿渣的堆积以及铀尾矿所产生含铀雨水渗透浸渍到地表或者水体环境中，均会产生严重污染。

(3) 核电厂设施在正常的生产运营或者发生事故时也会产生一定量的放射性污染，会污染水体环境[8]。

(4) 在一些其他方面比如医疗、科研过程中也会产生一定量的放射性废水，这种放射性废水的排放量不多但是种类丰富，对生态环境的危害程度相对不高，但是对其处理有一定的难度。

铀对人类及生物体的危害远大于一些重金属元素带来的危害，因为它除了自身本身所具有的重金属离子的毒性外，还具有放射性。一方面是化学毒性，铀能以粉尘，气溶胶多种形式通过各种渠道进入人体比如皮肤接触，口鼻呼吸以及误食含铀物质等，这种目前在自然界所发现的相对原子量较大的元素，本身具有的重金属毒性可以破坏生物体中蛋白质结构并在生物体中肝脏、肾脏以及骨骼中累积导致脱发、皮肤病、白血病以及癌症等一系列疾病。并且，肾脏是铀酰离子最主要的沉积器官。经研究发现，铀可以造成肾小管上皮细胞损伤并且破坏肾小球细胞，从而导致肾脏功能障碍及一些机制的丧失。另一方面是辐射危害，铀是一种放射性物质，它的半衰期长达数亿年到数十亿年之久，而铀同位素的衰变会产生大量的放射性的射线，这些射线会对生态圈产生极大的危害。一般来说，射线对机体的照射方式分为两大类，一种是外照射，另一种是内照射。外照射主要是由于外界的放射性物质所产生的射线对机体造成一系列的危害。当人类饮用了含铀的放射性污水，吸入含铀粉尘或者食用了被含铀废水污染过的蔬菜，水生生物和农作物，这些都会使铀在体内累积，产生体内照射。铀的同位素在体内累积超过一定含量时，身体就会出现损伤或者病变，典型的症状就是畸形、肿瘤和其他的一些放射性病变，并且这种危害是具有遗传效应的。由于放射性核素自身衰变所放出一定剂量的电离辐射射线，会对生态圈和人类造成很严重的危害。因此我国规定的废液总 α 的排放限值为 $1\ Bq \cdot L^{-1}$，而铀矿业和加工利用中铀的质量浓度为 $5\ mg \cdot L^{-1}$，是国家规定排放限值的约 125 倍，是自然界中天然水中铀浓度的约 10 000 倍。根据世界卫生组织的标准，对外排放的污水中铀的浓度不得高于 $0.05\ mg \cdot L^{-1}$，但现实情况下所产生的放射性废水中铀的浓度远高于这个值。所以，这种含铀废水必须通过一定的处理过后才能排放出去。

核技术研究、燃料生产、核武器制造、核电厂泄漏事故等已经导致了世界范围的铀污染，铀矿开采中铀水冶尾矿和采铀废石的酸性渗滤水也对环境产生严重的影响，给土壤、地下水资源以及生态环境带来长期的重金属毒害和放射性危害隐患[6-7]。目前，我国已探明储量的硬岩型铀矿山约有 85%分布在赣、湘、粤等南方地区，全国 95%的铀尾矿、82%的采铀废石也分布在这些地区。在 6 个已退役铀矿山中采铀废石达 972 万 t，铀尾矿达 845 万 t[8]。据《中国核工业三十年辐射环境质量评价》报道，铀矿冶系统造成的集体剂量当量占整个核燃料循环系统的 91.50%[9]。前人对赣、粤、湘区域的硬岩型铀矿山进行了辐射环境污染调查，结果表明铀、钍、镭等的核素和锰、铬、锌等对水环境产生了污染，废石堆、尾矿库、露天采场废墟等造成辐射污染，硬岩型铀矿山生态环境受到一定程度的污染[10]。通过对铀矿山水冶厂、尾矿坝及周边土壤中重金属污染进行调查，结果显示研究区内表现出不同程度的重金属污染。某铀尾矿库由于尾渣长期堆放使得其外排废水中铀的浓度为 1.28～2.00 mg·L^{-1}；中国南方某铀尾矿库排放水、渗滤水中铀含量为 4.56～12.05 mg·L^{-1}，尾矿库周边地下水铀含量介于 0.05～3.36 mg·L^{-1}[11]。全球范围内都存在同样的问题，加拿大地表水中铀浓度为135.60 μg·L^{-1}，30%的井水中铀浓度超过 35 μg·L^{-1}，圣华金河农业排放废水中铀浓度达到 2.23×10^{5} μg·L^{-1}，严重超出 WHO 和 EPA 规定的铀污染最大阈值30 μg·L^{-1}。而德国某些污染物区地下水中铀浓度已达到 50 mg·L^{-1}，比铀最大阈值高出 1600 倍[11-16]。

铀是半衰期较长的放射性核素之一，在自然条件下不能改变放射性铀同位素的放射性活度，也不能被降解转化，一旦进入到环境中，会不断地释放出 γ 射线，对环境造成辐射危害。铀被氧化后进入地下水环境，主要以铀酰（UO_2^{2+}）、多种氢氧化双氧铀、碳酸铀酰盐化合物的形式存在，它们的溶解度较高，容易随地下水流动迁移，从而造成大范围的污染。铀不能被生物降解，且往往参与到食物链的循环中并最终在生物体内富集，与蛋白质结合破坏生物体的新陈代谢，最终因其重金属化学毒性和放射性危害健康[17]，主要表现为白血病、骨癌、肺癌及甲状腺癌等癌症[18-19]，以及遗传毒性和生殖发育障碍等辐射远后效应[20-21]。我国政府特别关注放射性污染防治工作，2016 年国土资源部、工业和信息化部、财政部、环境保护部、国家能源局联合发布《关于加强矿山地质环境恢复和综合治理的指导意见》以“创新、协调、绿色、开放、共享”的新发展理念统领矿山地质环境恢复和综合治理工作，坚决贯彻节约资源和保护环境的基本国策，努力实现国土资源惠民利民新成效。2017 年国务院批复的《核安全与放射性污染防治“十三五”规划及 2025 远景目标》同样对铀矿冶退役治理工程、退役设施等的安全稳定性作了明确要求。研究高效的地下水铀污染控制技术，已成为现代核工业和环境领域共同关注的热点，具有重大的现实意义。

1.2 地下水铀污染修复技术

1.2.1 地下水污染修复技术

不同于地表水污染，地下水污染的监测和治理相对不便。目前地下水修复技术主要有抽出处理（Pump & Treat）技术和原位修复技术，包括监控条件下的自然衰减法(Monitored Natural Attenuation)、电动修复技术、地下水曝气技术（Air Sparging)、原位化学氧化（In Situ Chemical Oxygen)、生物修复（Bio-remediation)、可渗透反应墙（Permeable Reactive Barriers，PRB）等[22]，如图1.3所示。P&T技术早期就应用于地下水污染修复，应用最广泛，目前仍然很普遍，可以处理地下水污染范围较大而且污染羽埋藏较深的地下水污染场地，但是其工艺较复杂、管理难度较大，有些情况下能耗较高、费用昂贵、治理时间较久且效果不明显，易造成地面二次污染，且有可能形成地下水降落漏斗[23-24]。各种地下水修复技术的技术特征见表1.1。

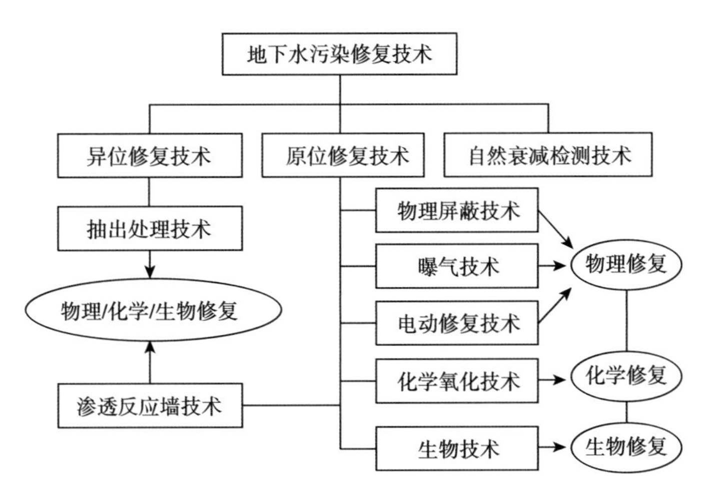

图1.3 地下水污染修复技术分支图

表1.1 地下水污染修复技术特点

修复技术	技术特点
物理屏蔽技术	物理屏蔽技术只有在处理小范围的剧毒、难降解污染物时才可考虑的一种永久性封闭方法，多数情况下，其仅作为一种临时性的控制方法，应用于地下水污染治理初期。
曝气技术	曝气技术 是利用气泵将空气喷入含水层饱水带，扰动水体促使有机物挥发的技术，也称空气扰动（注入）技术。挥发出来的空气携带污染物上升至渗流区，再通过土壤抽气技术进行处理便可达到去除污染物的目的。
电动修复技术	电动修复技术是利用电动效应去除地下水污染物的技术。电动效应包括电渗析、电迁移和电泳。电渗析是在外加电场作用下土壤孔隙水的运动，主要去除非离子态污染物；电迁移是离子或络合离子向相反电极的移动，主要去除带电离子；电泳是带电粒子或胶体在直流电场作用下的迁移，主要去除吸附在可移动颗粒上的污染物。
化学氧化技术	化学氧化技术是利用化学氧化剂去除地下水的污染物的技术。常用的化学氧化剂包括二氧化氯、Fenton试剂、过氧化氢、次氯酸盐、高锰酸钾和臭氧等。

续表

修复技术	技术特点
生物技术	生物技术是利用微生物或植物去除地下水污染物的技术。该技术实际是自然衰减监测技术的拓展与改进，它增加了许多人为干预手段，如将空气、营养、能量注入含水层中促进微生物的降解。
渗透反应墙技术	PRB技术无需外加动力，节省地面空间，比抽取技术更为经济、便捷。但是如何保证把“污染斑块”中扩散出来的污染物完全按处理的要求予以拦截和捕捉；PRB失去活性后，要如何定期更换和处置反应介质需要进一步研究

如图1.4所示，PRB是将填充有特定反应介质的墙体安装在地面以下的污染处理系统，通常设置在地下水污染羽状体的下游，与地下水流垂直，能够阻断污染带，使其中的污染物与墙内的填充物发生物理、化学和生物等作用，最终被降解、吸附、沉淀或去除，不破坏地下水的流动性，具有成本低、效果好、无需外加动力、生态环境干扰小、可处理多种污染物和可持续原位修复等优势，逐步取代了传统的修复技术[25-28]。

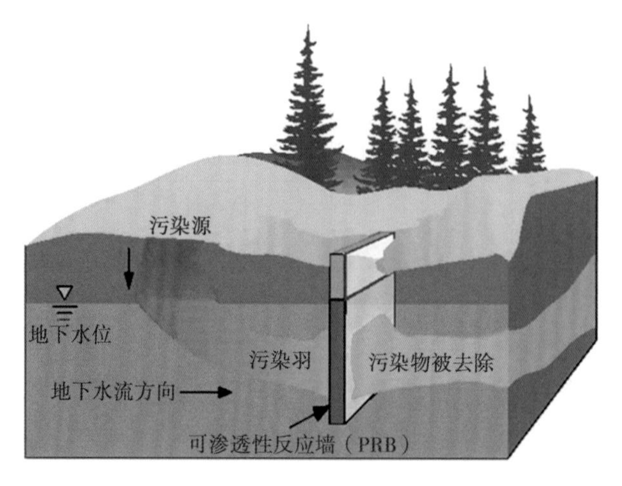

图1.4　可渗透反应墙处理地下水污染示意图[25]

目前应用的PRB可分为单处理系统PRB和多单元处理系统PRB。单处理系统PRB的结构类型主要有连续反应墙式PRB和隔水漏斗－导水门式PRB两种[23]。已有的试验研究表明：地下水中溶解的重金属、放射性物质、无机和有机污染物等都可用PRB进行有效控制和处理[29-32]。反应材料是PRB处理污染物效果的关键因素，在选择PRB反应介质时须考虑反应材料对污染物的吸附或降解能力，以及稳定性、水力传导性、环境相容性、价格等因素。PRB可以分为化学沉淀、吸附、生物降解、氧化还原反应墙。目前常用的反应介质材料有零价铁（Zero-Valent Iron，ZVI或Fe^0）、活性炭(AC)、沸石、钢渣、电石渣、粉煤灰、磷酸盐和黏土矿物等[33-36]，去除效果均较好。

1.2.2 铀污染水处理工艺

铀在自然界中无法被降解转化，仅能通过各种手段截留或者富集浓缩，使其尽可能固定在较小的空间内，降低浓度，以使其污染范围和程度降到最低。目前主要的铀处理工艺包括离子交换法、共沉淀法、溶剂法、生物法、吸附法以及膜分离法[37]等，各工艺特点见表 1.2。

表 1.2 各铀处理工艺特点[37-43]

处理工艺	常用材料	优 点	不 足
离子交换法	离子交换树脂（膨润土、沸石）	设备简单，高效快速，适用于低浓度铀废水处理	选择性差、对水质要求高，需预处理，处理能力有限，抗辐射性差、使用寿命短及运行成本高
共沉淀法	石灰、三氯化铁、硫酸铝、高锰酸盐、苏打、氯化钡等	成本低、操作简便，技术成熟，主要适用于铀矿石的开采、冶炼过程等产生的废水及低浓度含铀废水的处理	杂质离子影响对铀的处理效果，出水浓度不能达标，须进一步处理，有沉淀产物，易造成二次污染
溶剂萃取法	磷酸三丁酯等	对铀具有较高的选择性，对污染物浓度的要求不大，去污效果好，简单可靠	对装置要求高，实际应用成本高、回收率低，不适合在自然水体中应用
生物法	无生物活性、藻类、微生物生物质等	成本低、吸附容量高以及再生能力强，适用于低浓度含铀废水的处理	对水体环境要求较高，有些生物不易回收处理，实际操作性较差
吸附法	活性炭、磷酸盐、黏土、壳聚糖等	工艺简单、操作方便，处理速度快，占地少、效率高	废水量大时不适用，价格昂贵
膜分离法	微滤、超滤、纳滤、反渗透和液膜等	能耗低、设备简单、操作方便、处理效果好，渗透液可再利用，工业生产应用广泛	相容性差，过程慢，需多级串联，膜材料耐辐照性差，费用高，膜寿命较短

相比其他处理方法，吸附法更简单，过程更灵活，经济、高效、环保，成为现阶段应用最为广泛的铀处理工艺。吸附可分物理吸附、化学吸附、交换吸附 3 种基本类型，影响吸附的因素主要有吸附剂性质、pH、温度、接触时间、共存物质和操作条件[44]等。吸附剂的吸附效率以及自身特性直接影响吸附效果。选取储量丰富、成本低廉、选

择性好、可利用率高、吸附效率高、适应于大规模生产的吸附剂是目前研究热点。吸附剂分为无机吸附剂、有机吸附剂和复合吸附剂。由于来源广泛且成本较低，无机吸附剂成为常用的吸附剂[45-46]。针对水体中铀的吸附，研究较多的无机吸附材料有碳、一些天然矿石和活性金属及其氧化物等。

1.3 铀吸附材料的应用研究

1.3.1 铁基材料修复铀污染地下水的应用研究

（1）零价铁修复铀污染地下水的应用研究

Sweeny[47]等20世纪70年代初报道了Fe^0（零价铁，单质铁）可用于去除水中的有机氯化物，Gillham[48]等于1992年提出Fe^0可用于地下水的原位修复，此后用Fe^0促进污染物转变成稳定态或难迁移态就成为一个非常活跃的研究领域。Fe^0具有廉价、高还原势和反应速度快等特点[49-50]，可以通过吸附、还原、微电解、沉淀等机理去除水中污染物，如含氯有机物、含氮有机物、垃圾渗滤液、重金属等。同时，Fe^0多为商业生产，易于获得，有颗粒状、粉末状、网状和胶体等多种形式。粉末状Fe^0根据颗粒尺寸可分为微米级和纳米级。纳米材料性能和结构受量子效应的影响，表现小尺寸效应、表面与界面效应、量子尺寸效应、量子隧道效应等特殊的理化性质[51]，具有良好的化学性能、催化性能、光学性能、电磁性能，以及强可塑性、高硬度、高比热、高导电率、良好扩散性等[52]。颗粒状Fe^0主要是加工厂废弃物，成本低，但粒径较大，比表面积较低。目前网状和胶体是研究的新热点[24]。

Fe^0的制备方法分为固相、气相、液相法[53-55]。固相法是固相到固相的形态转化制造纳米颗粒，主要分为固相还原法、机械球磨法及深度塑性法等。气相法是指在真空或者惰性气体保护的条件下，原子或者分子会形成纳米颗粒，主要有惰性气体冷凝法、溅射法、爆炸丝法等。液相法是在均相溶液中，通过化学反应生成固态纳米级Fe^0，主要包括液相还原法、微乳液法、水热法、共沉淀法等[53]。液相还原法一般是利用强还原剂（$NaBH_4$或KBH_4等）对溶液中的Fe^{2+}、Fe^{3+}进行还原而得到，其操作容易、条件温和易控制、纯度高、粒径分布集中，在实验室和工业中都得到广泛应用[56-57]。但纳米Fe^0的制备、干燥和保存过程均受到氧化的影响，应最大限度地避免发生氧化、二次氧化。实验室普遍采用的合成Fe^0装置以及制备与应用过程反应原理见图1.5。水热法是在一定压力、温度下，在水溶液或蒸汽流体中进行的反应[58]。沉淀法是通过加入某种试剂，使产物沉淀或者结晶从溶液中析出，再进行分离纯化[59]。制备纳米Fe^0需要满足以下条件：① 粒径、粒度可自主控制；② 抗氧化性强，稳定性高；③ 表面清洁，纯度高，易收集。

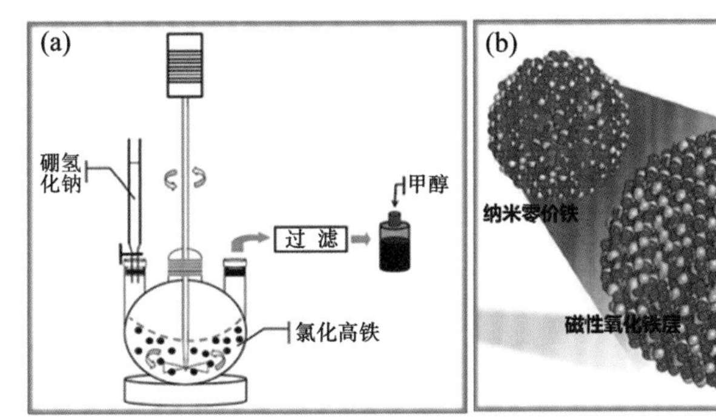

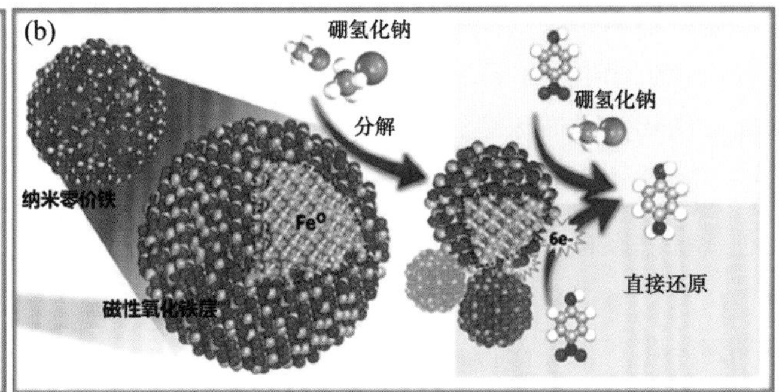

图 1.5 零价铁合成简图及反应原理图

欧美国家对 Fe^0-PRB 技术进行了大量的试验及工程技术研究[60-65]，并投入商业应用。D. L. Naftz 等[66]安装 PRB，用于修复前铀加工厂的受污染地下水，实验室和现场柱测试采用 Fe^0 有效地去除地下水中 As、Mn、Mo、Se、U、V 和 Zn 等污染物，构造图见图 1.6。Mallants D 等[67]对取自德国某铀尾矿库渗漏水进行渗透反应墙修复研究，结果表明 PRB 中的细粒 Fe^0 去除 U（Ⅵ）效果很好，去除率为 94%～98%。国内学者也对 PRB 技术应用进行了有益探索，李娜娜[68]论证了 PRB 技术治理铀矿坑道涌水的可行性和有效性，采用 PRB 技术去除水中铀和砷，利用零价铁与褐煤做反应材料处理酸性矿坑水与含放射性核素及重金属的废水。刘军[5]以纳米 Fe^0 为修复材料，室内研究其在铀的实际赋存态下修复铀污染红土的可行性和效果。Fe^0 去除铀的作用机理研究表明，其相互作用过程是复杂多变的，一般认为是氧化还原作用、共沉淀作用以及吸附作用三者共同进行，也有学者认为是通过还原形成难溶矿物（包括沥青铀矿 UO_2）。铀吸附到零价铁的溶蚀产物上及铁氧化物表面被认为是另外一种除铀机理，认为 U（Ⅵ）的初始沉淀机理表现为同铁的溶蚀产物发生共沉淀作用，铀在零价铁墙样品中是以 U（Ⅳ）形式被吸附在水合铁氧化物上[69-71]。

(a) 在反应性材料布设之前的开放沟槽

(b) 在南部泥浆墙的沟槽中的膨润土浆料[66]

图 1.6 PRB 和泥浆墙构造

（2）四氧化三铁吸附铀的应用研究

Fe_3O_4同时含有Fe^{2+}和Fe^{3+}，是一种反尖晶石结构，如图1.7（a）所示，晶体有四面体结构和八面体单元，为磁铁矿[72-73]。该矿物为不溶于水的黑色固体，具有表面积较大、高反应活性和生物兼容性[74]，还具有超顺磁性、制备成本低、高效等优点，是一种传统的磁性材料[73]，易于回收利用、吸附性能优良，在吸附和分离放射性元素及重金属离子方面显示出广阔的应用前景。与其他材料制备高性能吸附复合材料，易于再生利用，不产生二次污染[73]。

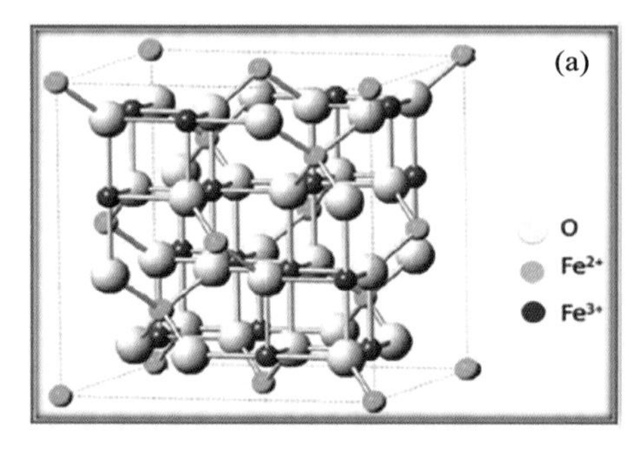

（a）Fe_3O_4的晶体结构图[72]

（b）用腐殖酸涂覆的纳米磁性Fe_3O_4去除重金属的方案[74,80]

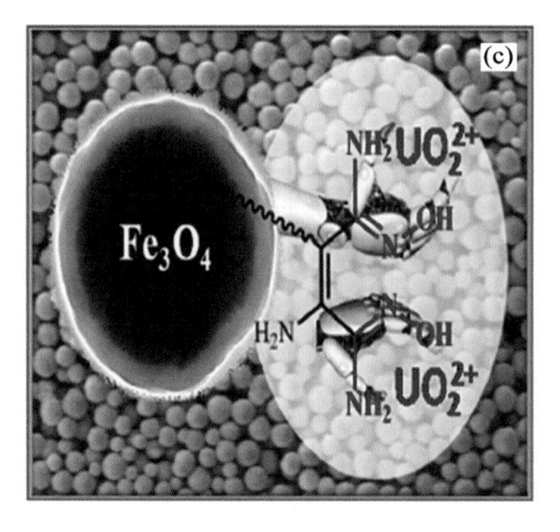

（c）Fe_3O_4@ SiO_2-AO吸附铀机理图[81]

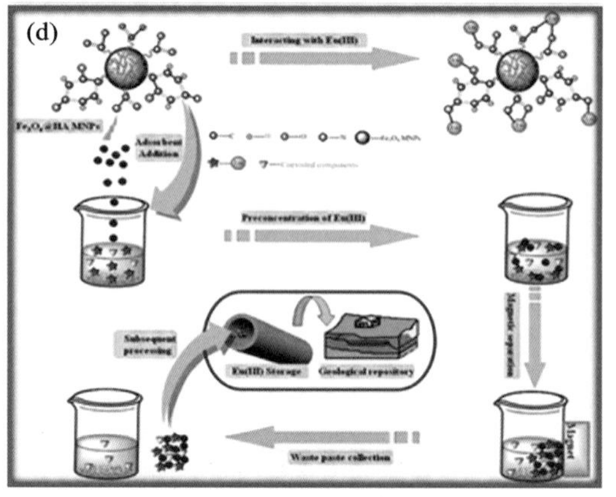

（d）Fe_3O_4@HA吸附和处置流程图[82]

图1.7　Fe_3O_4的结构和应用

Fe_3O_4制备方法主要有共沉淀法、溶胶—凝胶法、水热法/溶剂热法、静电纺丝法等。① 共沉淀法包括：a. 滴定水解法：将稀碱逐滴加入Fe^{2+}和Fe^{3+}混合溶液中，水解后生成纳米Fe_3O_4晶粒。b. Massart水解法：在一定的Fe^{2+}和Fe^{3+}混合溶液一次加入强碱，搅拌使其充分接触，迅速水解结晶形成纳米碱性铁氧体粒子[73]。该操作简单、成本低、适合工业化生产，能快速制备大量性质稳定的超顺磁性纳米颗粒[74-75]，但分散性较差，常需超声波分散或加入合适的分散剂。② 溶胶—凝胶法制备的材料纯度高、粒径小、成本低且均匀、分相及分支反应少。但不足之处在于原料价格昂贵，有机物对健康有害，所需时间较长，在干燥过程中又将逸出许多气体及有机物，并产生收缩。③ 水热法/溶剂热法是制备特殊性能及形貌微粒的最常用方法，操作简单易行，但成本相对较高，大规模污水处理应用仍有难度[76-77]。④ 静电纺丝法[73,78]主要用于制备 Fe_3O_4 与高分子聚合物复合材料以及导电高分子聚合物的磁－电复合功能纳米纤维[79]。微波法、回流法、有机模版法等制备方法仍停留在实验室阶段，共沉淀法可以更加有效地控制生成颗粒大小。制备的颗粒粒径、形貌与所使用盐的种类、pH、Fe^{3+} 和 Fe^{2+} 比、反应温度及离子强度有关。

Shao 等用共沉淀法合成三元磁性材料 PAAM-FeS/Fe_3O_4 使其吸附铀[74]，如图 1.7（b）所示。吴鹏等[76]采用水热法制备 Fe_3O_4/MGONRS，并考察了其对 U（Ⅵ）的吸附性能。Chen 等[77]用粉煤灰合成 Fe_3O_4/CFA 吸附 U（Ⅵ），实现热电厂废物利用。Liu 等[80]用共沉淀法合成 Fe_3O_4/HA 纳米材料，去除重金属 Hg（Ⅱ）、Pb（Ⅱ）、Cd（Ⅱ）和 Cu（Ⅱ），Zhao 等[81]用 SiO_2 包裹 Fe_3O_4 并在外层接枝偕胺肟，能高效去除 U（Ⅵ），其机理见图 1.7（c）。Ding[82] 等合成 Fungus-Fe_3O_4 吸附 U（Ⅵ）、Th（Ⅳ）和 Sr（Ⅱ）。Yang 等[83]合成 Fe_3O_4@HA 核壳结构 MNPs 对 Eu（Ⅲ）去除，吸附和处置流程见图 1.7（d）。Fe_3O_4/HA 纳米材料用于铀吸附的相对较少。

（3）铁基复合材料吸附铀的应用研究

单一材料往往较难满足要求，而复合材料具有密度小、强度高和弹性模量高等优点，在工业生产中受到重视，特别是金属基复合材料备受关注。铁基复合材料的性价比优于镁基、铝基复合材料，且从实际应用效果和经济成本等综合考虑，均能够满足工程需要，因此学者们日益重视铁基复合材料的研究[84-85]。

处理含铀废水的材料中，纯铁基材料吸附铀也有许多不足，Fe^0 颗粒细微、机械强度差、在水中易失活和钝化，难以回收和重复利用。Fe_3O_4 表面能高、粒子间的磁偶极相互作用使其具有易团聚、分散性差、化学稳定性差等局限性[86]。地下水中的 pH、Eh、氧化性共存物等因素的变化对铀去除的影响还需进一步研究[87-88]，随着地下水水力梯度的变化、地下水化学组分的沉淀析出、铁由于团聚钝化腐蚀失效等因素引起反应墙体堵塞导致 PRB 水力传导系数降低、处理效果下降、运行寿命缩短以及产生副反应生成毒性更强的副产物等问题[89-92]。纳米材料也由于体积和表面界面效应极易发生团聚，使材料优异性能减弱甚至完全消失，其应用及工业化难以实施，纳米粒子稳定存在于高表面能的状态是当今世界的一大难题。避免纳米材料的团聚，以纳米零价铁为例常见的改进方式包括表面改性、与无机黏土和矿物材料和与多孔碳等材料复合（如图 1.8 所示），即使用研磨、超声分散等简单的机械消除方法，也可以加入聚磷酸钠、硅酸钠等无机电解质和表面活性剂等分散剂[93-95]。将铁负载于活性炭、沸石、碳纳米管、氧化硅、高岭土和膨润土等载体上，制成一定形状的颗粒，在保持纳米材料固有特性的同时还增强了稳定性，可以提高回收率，并适用于反应器操作[96-98]。

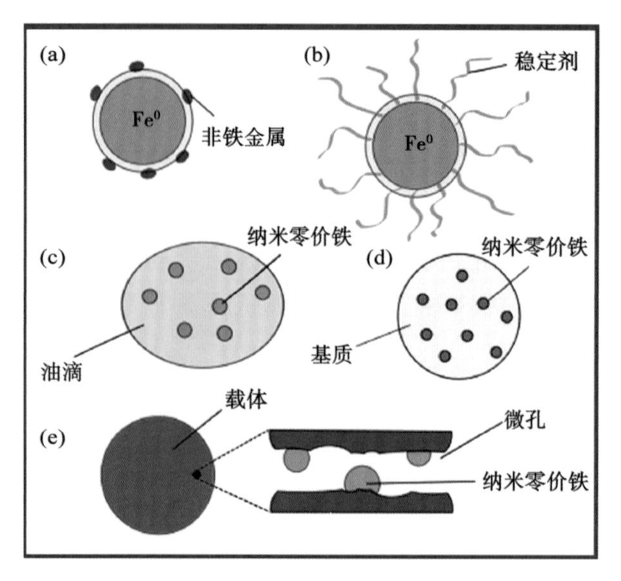

图 1.8　几种构筑纳米零价铁复合材料的方法简图

1.3.2　无机矿物吸附铀的应用研究

无机材料是较早被研究并应用的放射性吸附剂之一，基于其显著的特性，例如良好的机械性能、热稳定性、经济性和环保性，可以在自然界中广泛得到或易于合成。早期的研究多集中在黏土矿物（如高岭石、膨润土等）和金属氧化物（例如铝氧化物、零价铁、氧化钛、锰氧化物等）上，这些天然存在的无机材料通常广泛存在于富含铀的各类地质环境中，并且是控制铀在自然界中迁移、转化和固定的关键吸附物质。在描述这些吸附体系时，对于固体－水界面的详细描述是十分重要的，特别是一些发生在界面的反应，如吸附、沉淀和还原[7,23-24]。部分研究对于在铀与黏土矿物的作用机理进行了深入研究，例如：赖捷[25]通过光谱与能谱手段探讨 U（Ⅵ）在黏土矿物表面上的吸附形态和微观结构，结果表明，吸附反应可在黏土岩表面上内部孔道进行，黏土岩矿物表面的羟基、羰基与 Al_2O_3、SiO_2 等氧化物可形成≡Al—OH、≡Si—OH，表面活性官能团中的—C—C—、—C—O—、—C=O—、≡Al—O 和≡Si—O 等主要参与吸附反应，并且 U（Ⅵ）在黏土岩矿物表面可以形成多种表面络合物，如≡Al/Si—O—UO^{2+} 和≡Al/SiO—CO_2UO_2 $(CO_3)_2^{5-}$ 等。

（1）羟基磷灰石吸附铀的应用研究

羟基磷灰石（HAP）分子式为 $Ca_{10}(PO_4)_6(OH)_2$，晶体为六方晶系，具有良好的离子交换性能，晶体结构示意图和晶形见图 1.9。HAP 是组成人体自然骨骼和牙齿的主要成分，具有独特的生物活性和生物相容性，在生物材料方面具有广泛的应用。HAP 具有比表面积大、亲水性良好和热稳定性高等优点，表面富含活性羟基官能团，为改性提供优良的基体环境，在处理工业和核废料废水方面广泛应用，对大多数重金属、有机污染物等具有良好的吸附和固定作用，特别是对于属于锕系和重金属的铀废水处理[98-100]，同时 HAP 与环境的协调性较好，不易造成二次污染。还可以作为吸附柱的填充材料。HAP 可以通过贝壳、石膏和骨头等废弃资源中提取，也可以通过化学反应来制备，具有成本低、来源广泛的优点[101]。

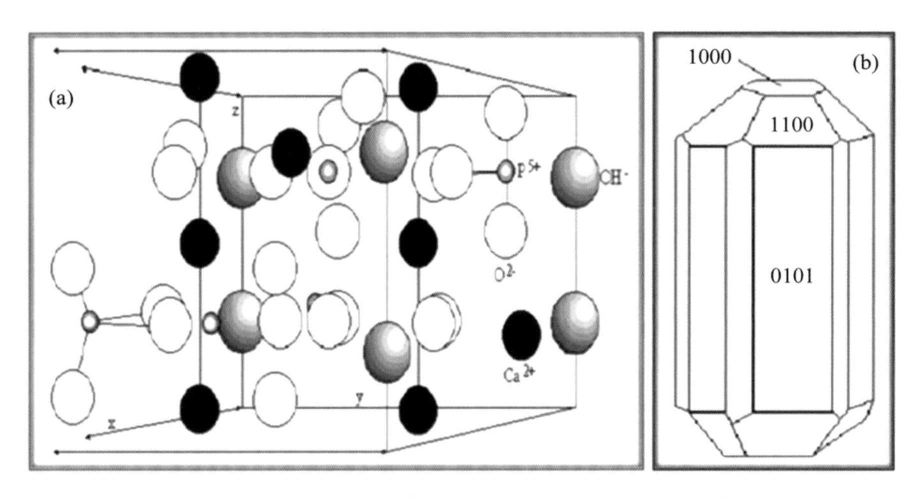

图 1.9 羟基磷灰石晶体结构示意图（a）和晶形（b）[73]

熊雪莹[102]研究了利用批实验从鱼骨制得的 HAP 对铀的吸附，结果显示在投加剂量为 0.01 g，铀浓度为 100 mg·L^{-1}，pH 为 3，反应 80 min 时吸附量达到 383.24 mg·g^{-1}，表明其制得的 HAP 对铀具有很好的去除效果。陈朝猛[103]等研究了水热法制取 HAP 对含铀废水的处理，结果表明，HAP 对铀具有良好的去除效果，其中反应时间和投加剂量对吸附反应程度有较大影响。但 HAP 仍然存在吸附容量有限、在吸附过程中纳米级 HAP 稳定性差、易溶出、不利于固定到合适的位置，难回收利用等问题。Feng[104]等研究了用氨基修饰 HAP 对铀的吸附性能，结果表明，HAP-NH_2 对铀去除具有良好效果。ESkwarek[105]等研究了用 Ca 和 Ag 离子修饰的纳米 HAP 对铀的吸附性能，结果显示，两种材料均受 pH 的影响，在 293 K 时，120 min 后达到吸附平衡，Ca-HAP 吸附量为 8.10 mmol·g^{-1}，Ag-HAP 为 7.20 mmol·g^{-1}，大于 HAP 对铀的吸附量。表明改性后的 HAP 较单一 HAP 对铀的去除效果更佳。胶体对纳米材料的改性以及改性之后的材料在环境中的应用如图 1.10 所示。因此，纳米材料需改性组装成宏观材料才能使其性能得到更有利的发挥[106-107]。

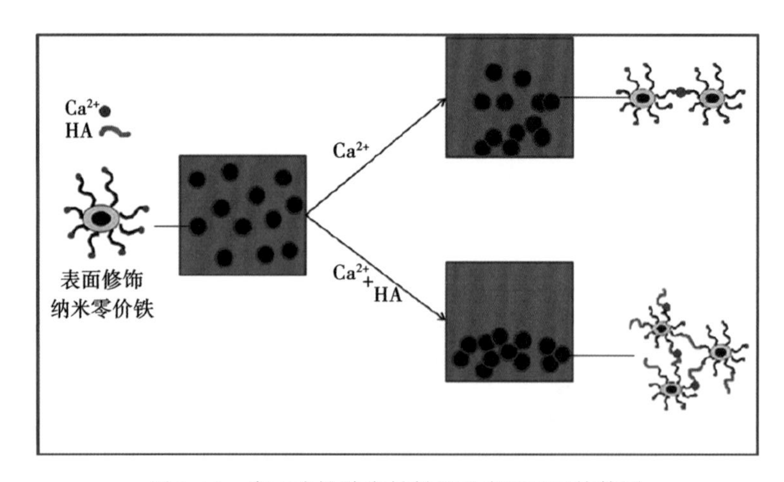

图 1.10　表面改性纳米材料以及应用于环境简图

（2）金属氧化物吸附铀的应用研究

金属氧化物是大部分岩石或土壤的组成要素。近年来，通过金属氧化物对铀的吸附研究较为深入，其中光谱和理论计算技术已用于研究吸附机理。Mei 等[108]采用间歇实验和 X 射线吸收精细结构谱（EXAFS）方法研究了硅酸盐对 Al_2O_3 吸附 U（Ⅵ）的影响，该研究利用 EXAFS 光谱研究了 U（Ⅵ）-硅酸盐络合物与吸附位点结合的微观结构，进而在分子尺度上评价了其吸附机理。然而，金属氧化物对铀的吸附效率并不令人满意，因此通过改性、有机化或是制备纳米粒子等手段提高金属氧化物对铀的吸附性能是一项具有挑战性的课题。

目前无机吸附剂的研究热点主要集中在层状双金属氢氧化物（LDH）和有序介孔硅材料以及它们的功能化形式。层状双金属氢氧化物又被称为阴离子黏土，优秀的表面结构以及较好的离子交换性能[109-110]使其成为铀吸附领域十分具有应用前景的吸附材料。水滑石在自然界中具有少量的存在形式，但天然生成的水滑石其杂质较多，形貌、结构和功能不可控，难以进行具体的功能化应用。人工方式进行 LDHs 材料的合成是近年来的研究热点，其合成手段众多，主要包括共沉淀法、水热合成法、尿素水解法以及离子交换法等[111-112]。

近年不少学者采用改性、修饰及复合等手段（见图 1.11）对 LDHs 材料进行功能化应用，并在核素分离领域取得了不错的进展。Xie 等[113]采用超声辅助沉淀法制备了 Fe（Ⅱ）/Al（Ⅲ）LDH，并用于水溶液中 U（Ⅵ）的脱除，其采用超声波辅助的方式促进了水滑石类相的形成，提高了 U（Ⅵ）的吸附能力，该材料最大吸附量为 113.64 $mg \cdot g^{-1}$。李丽萍等[114]采用共沉淀法制备了不同 Mg/Al 比的 LDH，研究其对 UO_2^{2+} 的吸附行为，结果表明其最大吸附容量达到 301.28 $mg \cdot g^{-1}$，对 UO_2^{2+} 具有优异的吸附性能，可以作为处理高浓度含铀废水的应急材料。

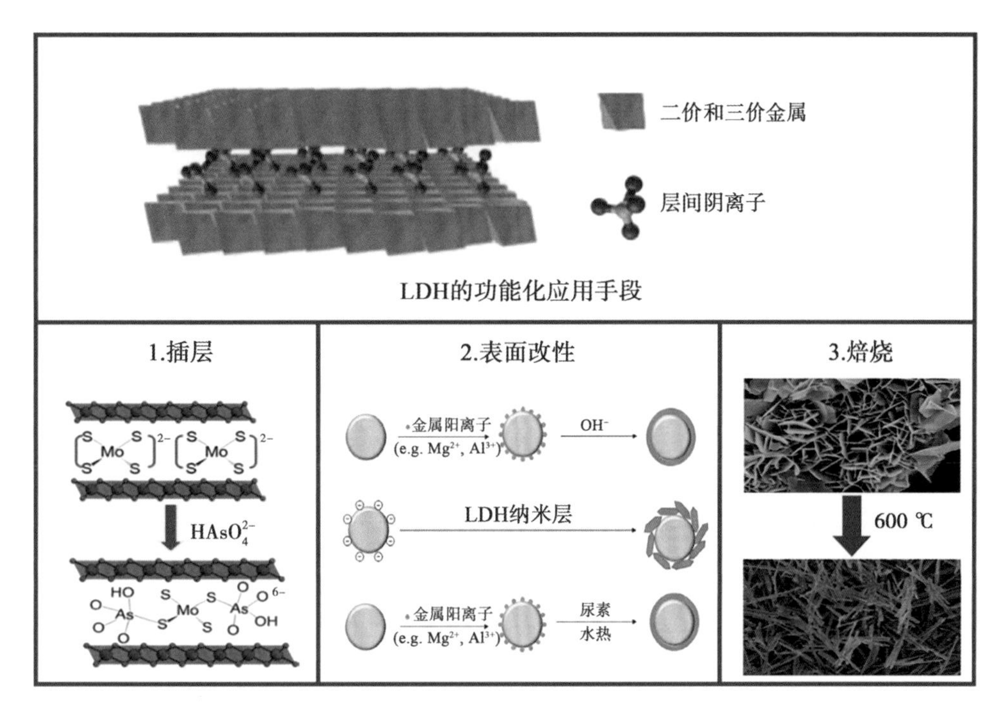

图 1.11 LDH 进行功能化应用的手段[33]

参考文献：

［1］郭学. 新型磷酰基功能化材料的制备及铀吸附性能和机理研究［D］. 山东大学，2018.

［2］Gu P C，Zhang S，Li X，et al. Recent advances in layered double hydroxide based nanomaterials for the removal of radionuclides from aqueous solution［J］. Environmental Pollution，2018，240：493-505.

［3］伍浩松，王树. 新版铀红皮书指出全球铀资源能够满足预期需求［J］. 国外核新闻，2019，1：24-27.

［4］Chen S，Xing W，Du X. Forecast of the demand and supply plan of China uranium resources till 2030［J］. International Journal of Green Energy，2017，14（7）：638-649.

［5］刘军，张志宾，陈金和，等. 钙—铀—碳酸络合物对红土吸附铀性能的影响［J］. 原子能科学技术，2015，49（8）：1356-1365.

［6］Anwei Chen，Cui Shang，Jihai Shao，et al. The application of iron-based technologies in uranium remediation：A review［J］. Science of the Total Environment Journal，2017，575：1291-1306.

［7］Liu J，Zhao C S，Zhang Z B，et al. Fluorine effects on U（Ⅵ）sorption by

hydroxyapatite [J]. ChemEng J, 2016, 288: 505-515.
[8] 杜洋. 721矿尾矿库中核素（铀、钍）迁移特征及其对库区水环境影响 [D]. 东华理工大学, 2014.
[9] 潘自强, 等. 中国核工业30年辐射环境质量评价 [M]. 北京: 原子能出版社, 1990.
[10] 张展适, 李满根, 杨亚新, 等. 赣、粤、湘地区部分硬岩型铀矿山辐射环境污染及治理现状 [J]. 铀矿冶, 2007, 26 (4): 191-196.
[11] 张春艳, 占凌之, 华恩祥, 等. 某铀尾矿库周边地下水的水化学特征分析 [J]. 环境化学, 2015, 34 (11): 2103-2108.
[12] WONG C T O, HOWARD S, MILEA A M, et al. Isotopic uranium activity rations in California groundwater [J]. Journal American Water Works Association, 1999, 91: 171-185.
[13] 邵小宇. 改性黏土负载纳米铁处理废水中重金属污染物 [D]. 宁波大学, 2017.
[14] WHO. Guidelines for drinking-water quality [M]. Geneva: World Health Organization, 2011.
[15] EPA. Maximum contaminant levels for radionuclides [EB/OL]. United States Environmental Protection Agency, 2011: http://www.law.cornell.edu/cfr/text/40/141.66.
[16] NOUBACTEP C, SCHöNER A, MEINRATH G. Mechanism of uranium removal from the aqueous solution by elemental iron [J]. Journal of Hazardous Materials B, 2006, 132: 202-212.
[17] 曾华, 卢龙, 郭亚丹, 等. 羟基磷灰石一铁基复合材料去除铀的效果和机理研究 [J]. 有色金属工程, 2018, 8 (6): 21-26.
[18] Li SN, Bai HB, Wang J, et al. In situ grown of nano-hydroxyapatite on magnetic CaAl-layered double hydroxides and its application in uranium removal [J]. Chemical Chem Eng J 2012, 193-194: 372-380.
[19] 邓冰, 刘宁, 王和义, 等. 铀的毒性研究进展 [J]. 中国辐射卫生, 2010, 19 (1): 113-116.
[20] 高芳, 张卫民, 郭亚丹, 等. 羟基磷灰石负载纳米零价铁去除水溶液中铀（Ⅵ）的研究 [J]. 中国陶瓷, 2015, 51 (8): 10-15.
[21] Russell J, Wheldon T E, Stanton P. A radioresistant variant derived from a human neuroblastoma cell line is less prone to radiation-induced apoptosis [J]. Cancer research, 1995, 55 (21): 4915-4921.
[22] Huang Y B, Huang C, Yang Q X, et al. Preliminary mechanisms for arsenic removal by natural ferruginous manganese ore [J]. Mater Res Innov, 2015, 19: S1313-S1317.
[23] 李乐乐, 张卫民. 渗透反应墙技术处理铀尾矿库渗漏水的研究现状 [J]. 环境工程,

2016，31（3）：168-172.
[24] 张晓慧，葛芳州，董玉婧，等. 可渗透反应墙原位修复污染地下水研究进展［J］. 工业用水与废水，2015，46（3）：1-5.
[25] USEPA. Permeable Reactive Barrier Technologies for Contaminant Remediation［R］. 1998，EPA/600/R-98/125.
[26] 李志红，王广才，史浙明，等. 渗透反应格栅技术综述：填充材料实验研究、修复技术实例和系统运行寿命［J］. 环境化学，2017，36：316-327.
[27] R Thiruvenkatachari，S Vigneswaran，R Naidu. Permeable reactive barrier for groundwater remediation［J］. J Ind Eng Chem，2008，14：145-156.
[28] 曾婧滢，秦迪岚，毕军平，等. 天然矿物组合材料渗透反应墙修复地下水镉污染［J］. 环境工程学报，2014，8（6）：2435-2442.
[29] 杜连柱，张兰英，王立东，等. PRB 技术对地下水中重金属离子的处理研究［J］. 环境污染与防治，2007，2（8）：578-582.
[30] Catherine S，Bartona，Douglas I，et al. Performance of three resin-based materials for treating uranium-contaminated groundwater within a PRB［J］. Journal of Hazardous Materials，2004，B116：191-204.
[31] 唐次来，张增强，王珍. 基于 Fe^0 的 PRB 去除地下水中硝酸盐的模拟研究［J］. 环境工程学报，2010，4（11）：2429-2436.
[32] Guerin T F，McGoverm T，Horner S. A funnel and gate system for remediation of dissovlved phase petroleum hydrocarbons in groundwater［J］. Land ContamReclam，2001，9（2）：209-224.
[33] Zhou D，Li Y，Zhang YB，et al. Column test-based optimization of the permeable reactive barrier（PRB）technique for remediating groundwater contaminated by landfill leachates［J］. J Contam Hydrol，2014，168：1-6.
[34] Zhang ZX，Liu HB，Lu P，et al. Nanostructured α-Fe_2O_3 derived from siderite as an effective Hg（Ⅱ）adsorbent：Performance and mechanism［J］. Appl Geochem，2018，96：92-99.
[35] Richard A，Crane S. The removal of uranium onto carbon-supported nanoscale zero-valent iron particles［J］. J Nanopart Res，2014，16：2813.
[36] Guo Y D，Liu Y Y. Adsorption Properties of Methylene Blue from Aqueous Solution onto Thermal Modified Rectorite［J］. J Dispersion Sci Technol，2014，35：1351-1359.
[37] Jiali Xu，Yilian Li，Chen Jing，et al. Removal of uranium from aqueous solution using montmorillonite-supported nanoscale zero-valent iron［J］. Journal of Radioanalytical and Nuclear Chemistry，2014，299（1）：329-336.
[38] 魏广芝，徐乐昌. 低浓度含铀废水的处理技术及其研究进展［J］. 铀矿冶，2007，26

(2): 90-95.
[39] 杨朝文，王本仪，丁桐森，等. 氯化钡—循环污渣—分步中和法处理七——矿酸性矿坑水 [J]. 铀矿冶，1994，13 (3): 172-179.
[40] 雷云逸，林昆华，汪福顺，等. 含羧基离子交换纤维合成及其对的吸附性能研究 [J]. 核技术，2009，32 (9): 689-694.
[41] Kalin M, Wheeler W N, Meinrath G. The removal of uranium from mining waste water using algal/microbial biomass [J]. Journal of Environmental Radioactivity, 2004, 78 (2): 151-177.
[42] 马腾，王焰新，郝振纯. 黏土对地下水中的吸附作用及其污染控制研究 [J]. 华东地质学院学报，2001 (3): 181-185.
[43] 邹照华，何素芳，韩彩芸，等. 吸附法处理重金属废水研究进展 [J]. 环境保护科学，2010，36 (3): 22-24.
[44] 苑士超，谢水波，李仕友，等. 厌氧活性污泥处理废水中的 U (Ⅵ) [J]. 环境工程学报，2013，7 (6): 2081-2086.
[45] 李松南. 以蛋壳为原料制备多种吸附材料及其铀吸附性能研究 [D]. 哈尔滨工程大学，2013.
[46] Tsai W T, Hsien K J, Hsu H C, et al. Utilization of ground eggshell waste as anadsorbent for the removal of dyes from aqueous solution [J]. Bioresource Technology, 2008, 99: 1623-1629.
[47] Sweeny K H, Fischer J R. Reductive degradation of halogenated pesticides [J]. U.S. Patent, 1972: 3640821.
[48] Gillham R W, O'hannesin S F. Metal-Catalyzed abiotic degradation of halogenated organic compounds [C]. Hamilton: IAH Conference on Modern Trends in Hydrogeology, 1992: 94-103.
[49] Stepanka K, Miroslav C, Lenka L, et al. Zero-valent iron nanoparticles in treatment of acid mine water from in situ uranium leaching [J]. Chemosphere, 2011, 82: 1178-1184.
[50] Mueller N C, Jürgen B, Johannes B, et al. Application of nanoscale zero valent iron (NZVI) for groundwater remediation in Europe [J]. Environ Sci Pollut Res, 2012, 19: 550-558.
[51] 王萌，陈世宝，李娜，等. 纳米材料在污染土壤修复及污水净化中应用前景探讨 [J]. 中国生态农业学报，2010，18 (2): 434-439.
[52] 朱世东，周根树，蔡锐，等. 纳米材料国内外研究进展Ⅰ-纳米材料的结构，特异效应与性能 [J]. 热处理技术与装备，2010，31 (3): 1-5.
[53] 史德强. 纳米零价铁及改性纳米零价铁对砷离子的去除研究 [D]. 云南大学，2016.
[54] Jamei M R, Khosravi M R, Anvaripour B. A novel ultrasound assisted method in

synthesis of NZVI particles [J]. Ultrasonics Sonochemistry, 2014, 21 (1): 226-233.

[55] Wu D, Shen Y, Ding A, et al. Effects of nanoscale zero-valent iron particles on biological nitrogen and phosphorus removal and microorganisms in activated sluge [J]. Journal of Hazardous Materials, 2013, 262 (22): 649-655.

[56] Bae S, Gim S, Kim H, et al. Effect of $NaBH_4$ on properties of nanoscale zero-valent iron and its catalytic activity for reduction of p-nitrophenol [J]. Applied Catalysis B: Environmental, 2016, 182: 541.

[57] Sun Y, Li X, Cao J, et al. Characterization of zero-valent iron nanoparticles [J]. Advances in Colloid and Interface Science, 2006 (120): 47-56.

[58] Hass V, Birringer R, Gleiter H. Prepation and Characterisation of Compacts from Nanostructred Power Produced in an Aerosol Flow Condenser [J]. Materials Science and Engineering, 1998, 246 (1-2): 86-92.

[59] Fang Z Q, Qiu X Q, Huang R X. Removal of chromium in electroplating wastewater by nanoscale zero-valent metal with synergistic effect of reduction and immobilization [J]. Desalination, 2011, 280: 224-231.

[60] Gyanendra R, Buddhima I, Long D N. Long-term Performance of a Permeable Reactive Barrier in Acid Sulphate Soil Terrain [J]. Water, Air, Soil Pollut, 2009, 9: 409.

[61] A A H Faisal, A H Sulaymon, Q M K haliefa. A review of permeable reactive barrier as passive sustainable technology for groundwater remediation [J]. Int J Environ Sci Technol, 2018, 15: 1123-1138.

[62] Lu X, Li M, Deng H, et al. Application of electrochemical depassivation in PRB systems to recovery Fe^0 reactivity [J]. Front Environ Sci Eng, 2016, 10: 4.

[63] Luo P, Bailey E H, Mooney S J. Quantification of changes in zero valent iron morphology using X-ray computed tomography [J]. Journal of Environmental Sciences, 2013, 25: 2344-2351.

[64] Liu T, Yang X, Wang Z L, et al. Enhanced chitosan beads-supported nanoparticles for removal of heavy metals from electroplating wastewater in permeable reactive barriers [J]. Water Research, 2013, 47: 6691-670.

[65] Morrison S J, Metzler D R, Dwyer B P. Removal of As, Mn, Mo, Se, U, V and Zn from groundwater by zero-valent iron in a passive treatment cell: reaction progress modeling [J]. Journal of Contaminant Hydrology, 2002, 56 (1/2): 99-116.

[66] David L. Naftz, Stan J. Morrison, James. Davis, et al. Groundwater Remediation Using Permeable Reactive Barriers [M]. Elsevier Science (USA), 2002.

[67] Mallants D, Diels L, Bastiaens L, et al. Removal of uranium and arsenic from groundwater using six different reactive materials: assessment of removal efficiency [M]. Uranium in the Aquatic Environment. Berlin: Springer, 2002: 561-568.

[68] 李娜娜，朱育成. PRB技术在铀矿探采工程坑道涌水治理中的应用研究 [C]. 中国核学会2011年年会，贵阳，2011.

[69] Bilardi S, Calabrò P S, Caré S, et al. Improving the sustainability of granular iron/pumice systems for water treatment [J]. Journal of Environmental Management, 2013, 121: 133-141.

[70] Noubactep C, Meinrath G, Merkel B J. Investigating the mechanism of uranium removal by zero-valent iron [J]. Environmental Chemistry, 2005, 2 (3): 235-242.

[71] Fiedor J N, Bostick W D, Jarabek R J, et al. Understanding the mechanism of uranium removal from groundwater by zero-valent iron using X-ray photoelectron spectroscopy [J]. Environ Sci Technol, 1998, 32 (10): 1466-1473.

[72] 朱脉勇，陈齐，童文杰，等. 四氧化三铁纳米材料的制备与应用 [J]. 化学进展，2017, 29 (11): 1366-1394.

[73] 张春晗. 磁性羟基磷灰石复合材料的制备及其吸附性能研究 [D]. 沈阳大学，2017.

[74] 杨姗也，王祥学，陈中山，等. 四氧化三铁基纳米材料制备及对放射性元素和重金属离子的去除 [J]. 化学进展，2018, 30 (2/3): 225-242.

[75] Yang Q Y, Li F Y, et al. Preparation and characterization of Fe_3O_4 nanoparticles with Oxygen [J]. Jourral of Textile Research, 2016, 37 (8): 7-11.

[76] 吴鹏，王云，胡学文，等. 四氧化三铁/氧化石墨烯纳米带复合材料对铀的吸附性能 [J]. 原子能科学技术，2018, 52 (9): 1561-1568.

[77] Chen J, Huang K L, Liu S Q. Hydrothermal preparation of octadecahedron Fe_3O_4 thin film foruse in an electrochemical supercapacitor [J]. Electrochim. Acta, 2009, 55 (1): 1-5.

[78] Qin Y F, Qin Z Y, Liu Y N, et al. Superparamagnetic iron oxide coated on the surface of cellulose nanospheres for the rapid removal of textile dye under mild condition [J]. Applied Surface Science, 2015, 357: 2103-2111.

[79] Wang B, Sun Y, Wang H P. Preparation and properties of electrospun PAN/Fe_3O_4 Magnetic nanofibers [J]. J. Appl. Polym. Sci., 2010, 115 (3): 1781-1786.

[80] Liu J F, Zhao Z S, Jiang G B. Coating Fe_3O_4 Magnetic Nanoparticles with Humic Acid for High Efficient Removal of Heavy Metals in Water [J]. Environ. Sci. Technol., 2008, 42 (18): 6949.

[81] Zhao Y G, Li J X, Zhao L P, et al. Synthesis of amidoxime-functionalized Fe_3O_4@SiO_2 core-shell magnetic microspheres forhighly efficient sorption of U (Ⅵ) [J].

Chem. Eng. J. 2014，235：275-283.

[82] Ding C C，Cheng W C，Sun Y B，et al. Novel fungus-Fe_3O_4 bio-nanocomposites as high performance adsorbents for the removal of radionuclides [J]. J. Hazard. Mater.，2015，295：127.

[83] Yang S T，Zong P F，Ren X M，et al. Rapid and Highly Efficient Preconcentration of Eu（Ⅲ）by Core-Shell Structured Fe_3O_4@Humic Acid Magnetic Nanoparticles. ACS Appl. Mater. Interfaces，2012，4（12）：6891.

[84] 许真，何江涛，马文洁，等. 地下水污染指标分类综合评价方法研究 [J]. 安全与环境学报，2016，16（1）：342-347.

[85] 张世贫，尹红，丁义超. 铁基复合材料的研究进展 [J]. 热加工工艺，2011，40（18）：95-97.

[86] 刘翔，唐翠梅，陆兆华，等. 零价铁PRB技术在地下水原位修复中的研究进展 [J]. 环境科学研究，2013，26（12）：1309-1315.

[87] Hoch L B，Mack E J，Hydutsky B W，et al. Carbothermal synthesis of carbon-supported nanoscale zero-valent iron particles for the remediation of hexavalent chromium [J]. Environmental Science and Technology，2008，42：2600-2605.

[88] Chen Z X，Jin X Y，Chen Z L，et al. Removal of methyl orange from aqueous solution using bentonite-supported nanoscale zero-valent iron [J]. Journal of Colloid and Interface Science，2011，363：601-607.

[89] Ruhl A S，Martin J. Impacts of Fe^0 grain sizes and grain size distributions in permeable reactive barriers [J]. Chem Eng J，2012，213：245-250.

[90] Wang L，Yu Y，Chen P C，et al. Electrospinning synthesis of C/ Fe_3O_4 composite nanofibers and their application for high performance lithium-ion batteries [J]. J Power Sources，2008，183（2）：717-723.

[91] Carniato L，Schoups G，Seuntjens P，et al. Predicting longevity of iron permeable reactive barriers using multiple iron deactivation models [J]. J Contam Hydrol，2012，142：93-108.

[92] Puls R W，Blowes D W，Gillham R W. Long-term performance monitoring for a permeable reactive barrier at the U. S. Coast Guard Support Center，Elizabeth City，North Carolina [J]. J Hazard Mater，1999，68（1/2）：109-124.

[93] Okubo T，Matsumoto J. Biological clogging of sand and changes of organic constituents during artificial recharge [J]. Water Resource，1983，17（7）：813-821.

[94] Stefaniuk M，Oleszczuk P，Ok Y. S. Review on nano zerovalent iron（nZVI）：From synthesis to environmental applications [J]. Chemical Engineering Journal，2016，287：618-632.

[95] Muhammad Masuduzzaman, Muhammad A. Alam. Effective Nanometer Airgap of NEMS Devices using Negative Capacitance of Ferroelectric Materials [J]. Journal of nano letters, 2014 (10): 102-105.

[96] Vojialav S, Suzana D, Jelena A S. Synthesis, characterization and antimicrobial activity of copper and zinc-doped hydroxyapatite nanopowerders [J]. Journal of Applied Surface Science, 2010, 256 (20): 6083-6089.

[97] Liu W, Tian S T, Zhao X, et al. Application of Stabilized Nanoparticles for In Situ Remediation [J]. Curr Pollut Rep, 2015, 1: 280-291.

[98] Demet B, Ulusoy U. Polyacrylamide-hydroxyapatite composite: Preparation, characterization and adsorptive features for uranium and thorium [J]. J Solid State Chem, 2012, 194: 1-8.

[99] Simon F G, Biermannm V, Peplinski B. Uranium removal from groundwater using hydroxyapatite [J]. Applied Geochemistry, 2008, 23 (8): 2137-2145.

[100] 李永鹏，张红平，林晓艳. 羟基磷灰石及氟掺杂对 UO_2^{2+} 的吸附性能研究 [J]. 西南科技大学学报，2015，30 (2)：1-6，50.

[101] Koutsopoulos S. Synthesis and characterization of hydroxyapatite crystals: a review study on the analytical methods [J]. Journal of Biomedical Materials Research Part A, 2002, 62 (4): 600-612.

[102] 熊雪莹. 鱼骨制备羟基磷灰石及其对铀（Ⅵ）的吸附机理研究 [D]. 广州大学，2016.

[103] 陈朝猛，曾光明，汤池. 羟基磷灰石吸附处理含铀废水的研究 [J]. 金属矿山，2009，395：140-142.

[104] Feng Yurun, Ma Baoshan, Guo Xue, et al. Preparation of amino-modified hydroxyapatite and its uranium adsorption properties [J]. Journal of Radioanalytical and Nuclear Chemistry, 2019, v, 319; No. 437-446.

[105] Skwarek E, Gładysz-Płaska A, Choromańska J B, et al. Adsorption of uranium ions on nano-hydroxyapatite and modified by Ca and Ag ions [J]. Adsorption (2019), 2019: 1-9.

[106] 王彩，王少洪，侯朝霞，等. 反相微乳液法制备纳米羟基磷灰石的研究进展 [J]. 兵器材料与工程，2011，34 (6)：102-106.

[107] He Junyong, Li Yulian, Cai Xingguo, et al. Study on the removal of Organic micropollutants from aqueous and ethanol solutions by HAP membranes With tunable hydrophilicity and hydrophobicity [J]. Chemosphere, 2017, 174: 380-389.

[108] Mei H, Tan X, Yu S, et al. Effect of silicate on U（Ⅵ）sorption to γ-Al_2O_3: Batch and EXAFS studies [J]. Chemical Engineering Journal, 2015, 269: 371-

378.

［109］Lv X，Qin X，Wang K，et al. Nanoscale zero valent iron supported on MgAl-LDH-decorated reduced graphene oxide：Enhanced performance in Cr（Ⅵ）removal，mechanism and regeneration［J］. Journal of Hazardous materials，2019，373：176-186.

［110］Kang D，Yu X，Tong S，et al. Performance and mechanism of Mg/Fe layered double hydroxides for fluoride and arsenate removal from aqueous solution［J］. Chemical Engineering Journal，2013，228：731-740.

［111］关婷. NiCo-LDH 及其纳米复合材料的制备、吸附和超电性能研究［D］. 重庆：重庆大学，2018.

［112］郝晓东. LDH 基纳米复合材料的制备及吸附和电化学性能研究［D］. 重庆：重庆大学，2014.

［113］Xie L，Zhong Y，Xiang R，et al. Sono-assisted preparation of Fe（Ⅱ）-Al（Ⅲ）layered double hydroxides and their application for removing uranium（Ⅵ）［J］. Chemical Engineering Journal，2017，328：574-584.

［114］李丽萍，吴平霄，刘俊钦. Mg/Al LDH 对 UO_2^{2+} 的高效吸附研究［J］. 环境科学学报，2018，38（8）：3080-3089.

第2章

纳米 Fe^0-HAP 复合材料去除铀的性能和机理研究

2.1 引言

各种处理方法相比较，吸附法具有吸附剂来源广泛丰富、适用范围广、处理效果好、可重复利用、投资少、运行费用低等优点[1]，广泛应用于含铀废水的处理。影响吸附的因素主要有吸附剂性质、溶液 pH、温度、接触时间、共存物质和操作条件等[2]。吸附剂本身的特性直接影响吸附效果的好坏，因此制备储量丰富、成本低廉、选择性好、利用率高、效率高、适应于大规模生产的吸附剂是研究的关键问题。常用的吸附材料有零价铁、凹凸棒石黏土、活性炭、羟基磷灰石、壳聚糖、谷壳等[3-6]。

纳米材料比表面积和表面能大，特有的表面效应和小尺寸效应，可提高其反应活性和反应速率，因其丰富的表面结合位点而具有优越的吸附性能等。零价铁廉价、具有高还原势、反应速度快，但颗粒细微，在水中易失活和钝化，难以回收和重复利用[7]；四氧化三铁具有较大比表面积、高反应活性及生物兼容性，制备成本低、高效，但也易团聚、分散性差、化学稳定性差[8]；HAP 特殊的晶体结构特征，具有良好的离子交换性能，比表面积大、亲水性良好、热稳定性高，具有独特的生物活性和生物相容性，但吸附容量有限、纳米级 HAP 稳定性差、分散剧烈易溶出、不易收集。综合分析，将铁基材料与 HAP 复合，以增强稳定性，提高回收率，同时适用于反应器操作[9-10]。

本书研究采用液相还原法制备纳米零价铁和纳米零价铁一羟基磷灰石复合材料，通过共沉淀法制备纳米四氧化三铁和纳米四氧化三铁一羟基磷灰石复合材料，利用 FTIR（傅里叶红外分析）、SEM（扫描电镜）、XRD（X 射线衍射）、TEM（透射电镜）、BET（比表面积分析）等表征手段进行理化表征，筛选出最佳除铀复合材料，研究零价铁一羟基磷灰石复合材料 HAP 配比量、复合材料投加量、pH、反应时间、铀初始浓度、反应温度和共存离子等因素对复合材料除铀性能的影响，得出最佳工艺条件。同时，探讨了复合材料吸附铀的动力学、热力学以及机理，为铁基一羟基磷灰石材料作为地下水铀污染修复材料开发应用提供理论依据。

2.2 材料制备和表征

2.2.1 实验材料制备

(1) 纳米零价铁材料的制备

用液相还原法制备纳米Fe^0材料：将体积比1∶1的0.250 mol·L^{-1}的$NaBH_4$和0.045 mol·L^{-1}的$FeCl_3\cdot 6H_2O$溶液混合，磁力搅拌器搅拌0.5 h，用磁选法选出纳米Fe^0，分别用去无水乙醇和去离子水洗涤3次后，用真空干燥箱65 ℃烘干备用（见图2.1）。

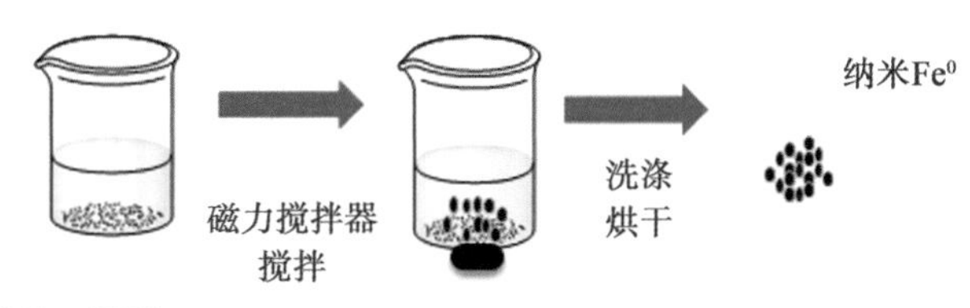

图2.1 纳米零价铁制备过程

(2) 纳米零价铁—羟基磷灰石复合材料的制备

用液相还原法制备纳米Fe^0-HAP复合材料（见图2.2）：称取3.825 g的$FeSO_4\cdot 7H_2O$溶于25.0 mL去离子水中，玻璃棒搅拌至完全溶解，用NaOH和HCl溶液调节pH；加入一定量HAP（羟基磷灰石），充分搅拌；迅速添加1.50 g的$NaBH_4$到溶液中，并添加1.00 g聚乙烯吡咯烷酮（PVP），充分搅拌至溶液中有黑色的固体沉淀析出；离心，用去离子水、乙醇反复洗涤3次，放在干燥器里干燥，并在无氧环境中保存[11]。

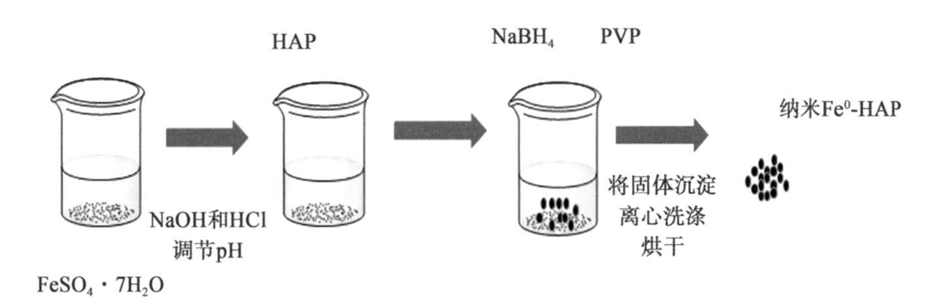

图2.2 纳米羟基磷灰石—零价铁复合材料制备过程

(3) 纳米四氧化三铁材料的制备

用共沉淀法制备纳米Fe_3O_4材料（见图2.3）：称取2.78 g的$FeSO_4\cdot 7H_2O$和5.41 g的$FeCl_3\cdot 6H_2O$于一个250 mL的烧杯中，加入80～100 mL去离子水；将烧杯

置于恒温水浴磁力搅拌锅中反应，匀速机械搅拌至固体溶解，调节温度匀速升至 40 ℃。逐滴匀速加入 2 mol・L^{-1}的 NaOH 溶液，同时搅拌至溶液 pH＞12，由棕黄色变成黑色。将恒温水浴磁力搅拌锅调节温度升至 80 ℃，保持该温度搅拌 30 min，随后关闭电源。用磁铁磁性分离，用去离子水、无水乙醇分别对复合材料反复清洗，至材料至中性；放在真空干燥器里干燥，研磨后放于密闭环境中保存[12-13]。

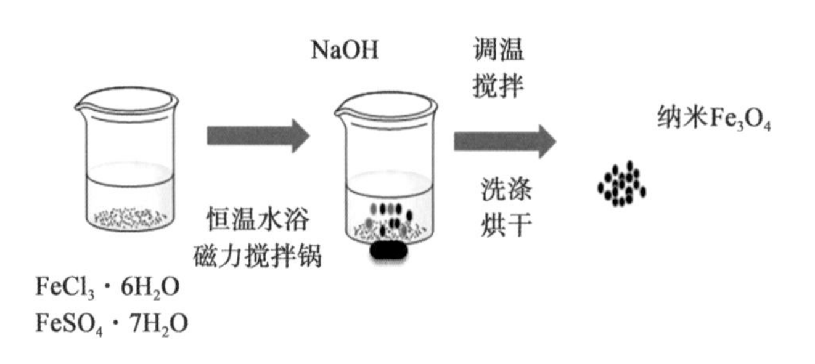

图 2.3　纳米四氧化三铁制备过程

（4）纳米四氧化三铁—羟基磷灰石复合材料的制备

用共沉淀法制备纳米 Fe_3O_4-HAP 复合材料（见图 2.4）：即在上述纳米四氧化三铁材料制备过程中加入 2 g 羟基磷灰石一起磁力搅拌，其他步骤同（2）。

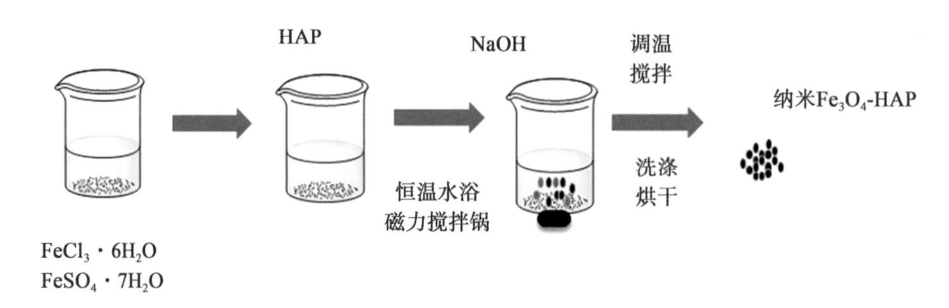

图 2.4　纳米羟基磷灰石—四氧化三铁复合材料制备过程

2.2.2　材料性能表征

（1）比表面积表征

为了研究复合材料的比表面积和孔径等参数，对复合材料进行了 BET 计算分析，HAP、Fe^0、Fe^0-HAP、Fe_3O_4和 Fe_3O_4-HAP 五种材料的孔结构参数见表 2.1，HAP、Fe^0和 Fe^0-HAP 粒径在 2.019～300 nm 区间范围内，BJH 吸附/解吸比表面积分别为 37.252/47.305 m^2・g^{-1}、49.923/64.718 m^2・g^{-1}和 75.026/95.047 m^2・g^{-1}，粒径在 1.700～300 nm 范围内，BJH 吸附/解吸比表面积分别为 71.130/80.085 m^2・g^{-1}和

85.853/95.375 $m^2 \cdot g^{-1}$。纳米 Fe^0-HAP、Fe_3O_4 和 Fe_3O_4-HAP 的比表面积比 HAP 的大一倍多。纳米 Fe^0-HAP 复合材料的比表面积比 Fe^0 大，复合材料 Fe_3O_4-HAP 的比表面积比 Fe_3O_4 略大，Fe_3O_4 和 Fe_3O_4-HAP 的平均粒度分别为 83.69 nm 和 75.44 nm。

表 2.1　各材料的孔结构参数

样品	BET 比表面积/（$m^2 \cdot g^{-1}$）	平均孔体积/（$cm^3 \cdot g^{-1}$）	平均孔径/nm
HAP	30.98	0.15	19.44
Fe^0	41.65	0.16	17.78
Fe^0-HAP	72.77	0.20	11.19
Fe_3O_4	71.69	0.27	14.90
Fe_3O_4-HAP	79.53	0.18	9.02

纳米 HAP、Fe^0-HAP、Fe_3O_4 和 Fe_3O_4-HAP 四种材料的吸附/脱附等温线和孔径分布曲线如图 2.5 所示。

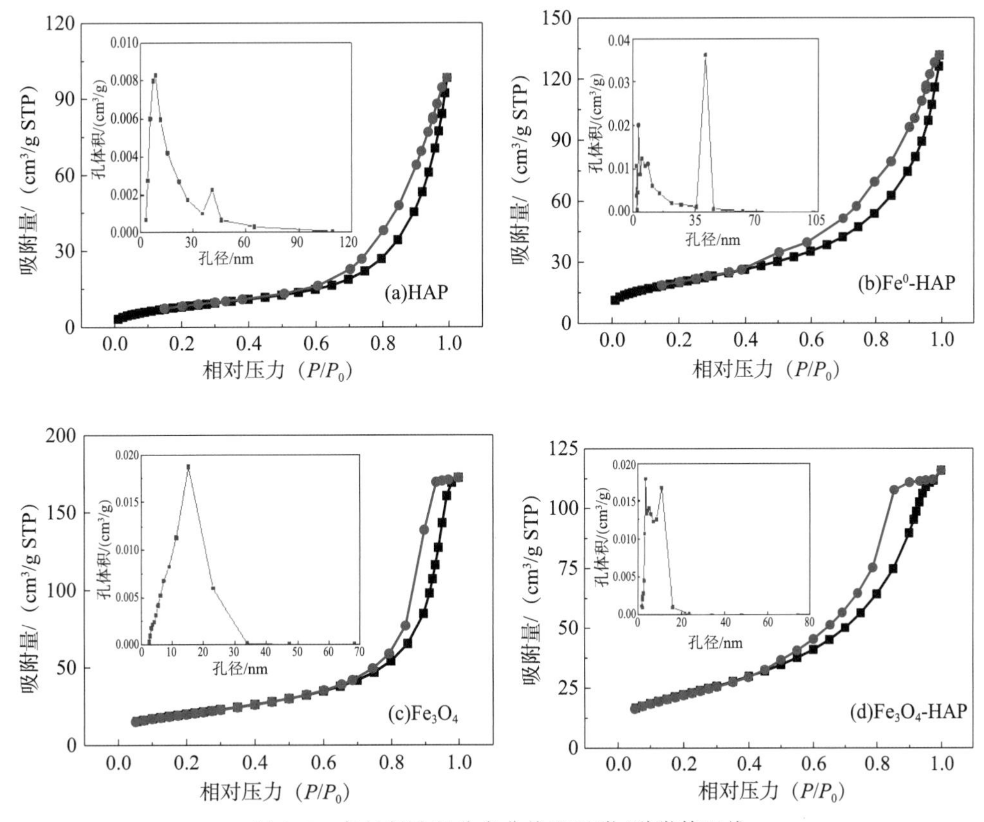

图 2.5　各材料孔径分布曲线和吸附/脱附等温线

4 种材料均以介孔（2 nm＜d＜50 nm）结构为主[14]，纳米 HAP 材料为双介孔结构，孔径约为 8.5 nm 和 40.8 nm，同时孔径分布较为均匀，能为改性和吸附过程提供优良的基体环境。制备的纳米复合材料 Fe^0-HAP 仍具有良好的介孔结构，复合未造成介孔结构的破坏，孔径约为 3.3 nm 和 40.8 nm，孔径分布不均匀，较 HAP 孔径尺寸减小，主要原因是官能团的引入所致。纳米 Fe_3O_4 材料为单介孔结构，孔径较大，约为 15.2 nm，同时孔径分布较为均匀，能为改性和吸附过程提供优良的基体环境。制备的纳米 Fe_3O_4-HAP 复合材料也同样具有良好的介孔结构，复合未造成介孔结构的破坏，孔径约为 3.7 nm 和 11.3 nm，孔径分布不均匀，较 HAP、Fe_3O_4 孔径尺寸减小，也是由于官能团的引入导致的[15]。

纳米 Fe_3O_4 和 Fe_3O_4-HAP 吸附/脱附等温线具有 H_1 型迟滞环，属于典型的 Langmuir Ⅳ型吸附曲线，再次表明两种材料具有良好的介孔结构，Fe_3O_4-HAP 复合过程并未造成介孔结构的破坏。N_2 分子在材料介孔内扩散，在低压段吸附量增加较平缓。当 Fe_3O_4 的相对压力 P/P_0 大约为 0.6，吸附/脱附等温线发生分离，但都陡峭上升，说明纳米 Fe_3O_4 是典型的两端都开放的管状毛细孔结构，出现滞后环是 N_2 分子在介孔中发生毛细凝聚导致，当 P/P_0 大于 0.8 时，N_2 分子在颗粒间发生凝聚，吸附量迅速增大，吸附等温线急速上升[16-17]。相较于纳米 Fe_3O_4，纳米 Fe_3O_4-HAP 复合材料的 H_1 滞后环的位置和吸附－脱附等温线拐点均向相对压力较低的方向移动，表明复合材料在相对压力较小的区域发生介孔内的平均凝聚，孔道结构有序度降低[18]。

（2）XRD 和 FTIR 表征

图 2.6（a）为制备的 Fe^0-HAP 和 Fe_3O_4-HAP 两种纳米复合材料的 XRD 图，均为多相产物，结晶性良好。根据 JCPDS No. 09－0432 可知，两种复合材料主要衍射峰都可与标准卡片 $Ca_5(PO_4)_3OH$ 比对上[19-20]，因此可以证明制备的复合材料有 HAP 晶体。

使用硼氢化钠还原法合成的 Fe^0-HAP 复合材料，在扫描衍射角 10°～70°时，复合材料在 2θ 角为 25.88°（002），31.77°（211），32.90°（300），44.67°（110），46.71°（222），49.45°（213），53.25°（004）和 64.10°（200）可清楚观察。主峰位于 31.77°，CaO 典型衍射峰（2θ＝ 37.51°和 54.01°）的消失，清楚地证实了 HAP 相的存在，CaO 分解形成磷灰石[21-22]。典型衍射峰 44.67°证实了 α-Fe^0 的 110 面，表明 Fe^0 成功复合在 HAP 上[23-25]。在 2θ＝35.82°表示铁氧化物 FeO，证明 Fe^0 晶体表面上产生较少的氧化铁（FeOOH），Fe^0 是一个壳核结构，α-Fe^0 在中间，表面是由一层铁氧化物包裹形成的。在水溶液中，其外层包裹的是羟基化合物如 FeOOH。通过 X 射线吸收进边结构研究测定 3 周以上的 Fe^0 中，几乎都是 Fe^0 和 FeO，并没有发现 Fe（Ⅲ）的存在，而对新合成的复合材料中 Fe^0 含量应该更高些[26-27]。

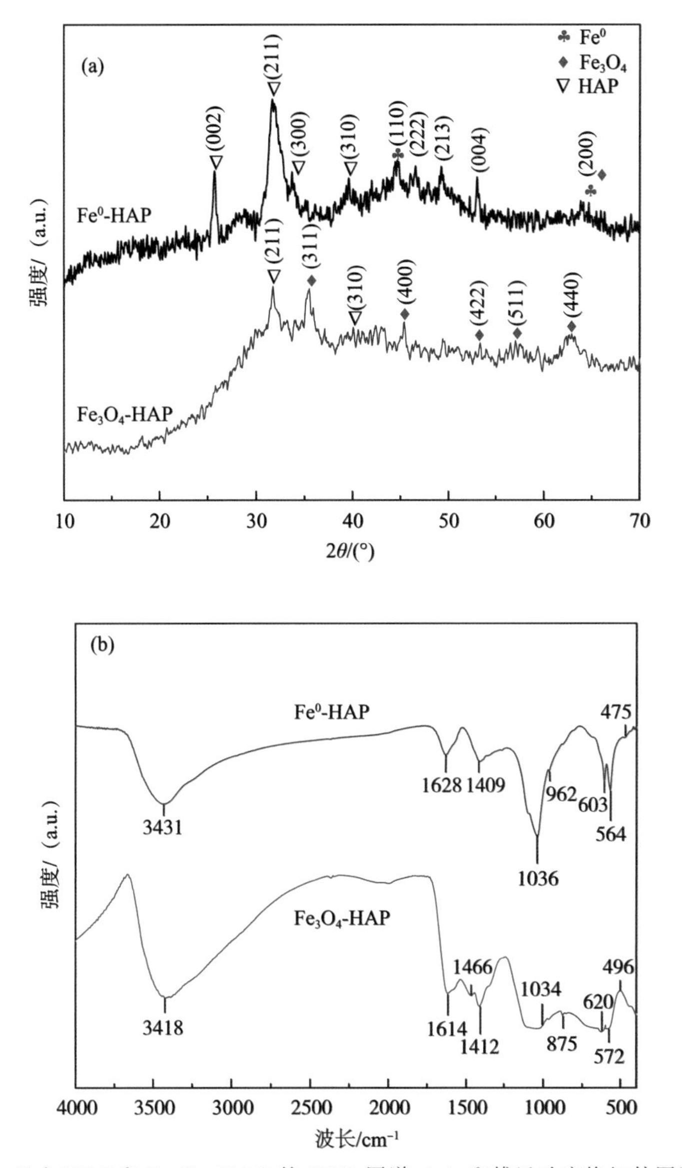

图 2.6 Fe^0-HAP 和 Fe_3O_4-HAP 的 XRD 图谱（a）和傅里叶变换红外图谱（b）

使用共沉淀法合成的 Fe_3O_4-HAP 复合材料，在扫描衍射角 10°～70°时，复合材料在 2θ 角为 31.77°（211），35.42°（311），43.05°（400），53.34°（422），56.94°（511）和 62.52°（440）出现了衍射峰，其中 31.77°为 HAP 的特征衍射峰，在 35.42°、43.05°、53.34°、56.94°和 62.87°均是反尖晶石型的 Fe_3O_4 特征衍射峰[28]，表明 Fe_3O_4 成功负载在 HAP 上，图谱中主峰位置 31.77°和 35.52°峰强度明显降低，说明 Fe_3O_4-HAP 复合材料样品粒径很小，颗粒太细会发生衍射峰的宽化，强度自然降低。从图中还能观察到 γ-Fe_2O_3 的衍射峰，对应 γ-Fe_2O_3 的（210）和（211）晶面的衍射峰，说明样品中还有 γ-Fe_2O_3 成分。

图 2.6（b）为两种纳米 Fe^0-HAP 和 Fe_3O_4-HAP 复合材料的红外光谱图，Fe^0-HAP 在 3431 cm^{-1} 处和 Fe_3O_4-HAP 在 3441 cm^{-1} 处出现的宽峰和强峰属于羟基的伸缩振动吸收峰[29]，分别在 1628 cm^{-1} 和 1614 cm^{-1} 附近出现的峰是层间水分子中羟基的弯曲振动峰[30-31]，1409 cm^{-1} 和 1412 cm^{-1} 处微弱的 CO_3^{2-} 的振动峰出现，表明制备复合材料中有 CO_3^{2-}，这可能与粉体合成搅拌时间较长，过程中空气中的 CO_2 与溶液发生反应，生成 CO_3^{2-} 取代部分在 HAP 的晶格的 PO_4^{3-}[32]。Fe^0-HAP 复合材料在 1036 cm^{-1} 处的峰是由磷酸根基团的反对称伸缩振动导致的，962 cm^{-1} 处的吸收峰为 P—O 键的对称伸缩振动峰，在 603 cm^{-1} 是弯曲振动峰，判断所制备的 Fe^0-HAP 复合材料中含有 HAP，564 cm^{-1} 处的特征吸收峰对应为 Fe—O 伸缩振动吸收峰[33-35]，说明部分 Fe^0 被氧化，这与 XRD 结果一致。Fe_3O_4-HAP 复合材料 1034 cm^{-1}、875 cm^{-1}、620 cm^{-1} 处为 PO_4^{3-} 的特征吸收峰，572 cm^{-1} 的特征吸收峰为 Fe_3O_4 中 Fe—O 伸缩振动吸收峰。可知，样品中含有 HAP 和 Fe_3O_4[36]。两种复合材料复合后没有改变晶体结构，这也与 XRD 图谱所示是一致的。

（3）SEM 和 TEM 表征

图 2.7（a）和图 2.7（b）为 HAP 的 SEM 图，HAP 为不均匀圆球状，表面较光滑。图 2.7（c）和图 2.7（d）为 Fe^0-HAP 复合材料的 SEM 图，对比可以看出 Fe^0-HAP 复合材料是结晶的，由粒径为 20～40 μm 的颗粒组成，保持了 HAP 的晶体形貌，颗粒呈现球形，但其表面不光滑，呈现出粗糙的多孔表面和松散的结构，Fe^0 颗粒都堆积在 HAP 的表面和孔隙里，并且表现出明显的团聚，因为纳米 Fe^0 容易氧化团聚，纳米 HAP 也会发生一定程度的团聚，铁取代可以提高结晶度[37-39]。

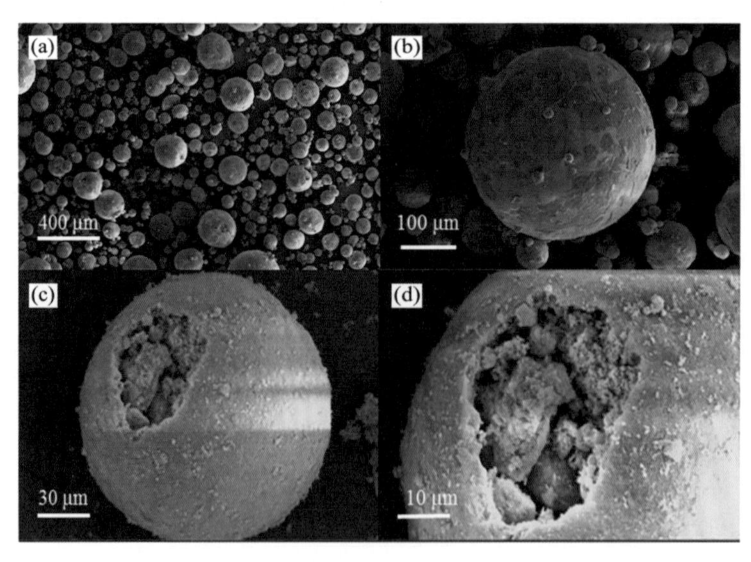

图 2.7　HAP（a）400 ×（b）1600 ×和 Fe^0-HAP 复合材料（c）5500 ×（d）10 000 ×的 SEM 图

图 2.8（a）和图 2.8（b）为 Fe^0-HAP 复合材料 TEM 图，可以看出纳米 Fe^0 颗粒是分布较均匀，颗粒紧密，单个粒子呈球形，链状连接，团聚在一起。它们呈现灰色边缘和暗中心，表明存在典型的金属 Fe^0 核和氧化铁壳结构[40-42]。图 2.8（c）和图 2.8（d）为Fe^0-HAP 复合材料高倍 TEM 图，在 HR-TEM 图中可观察到多个晶面，计算得到其间距分别为 2.82 和 2.45 Å，对应 211 和 110 晶面，这与图 2.7（A）利用 Jade6.0 软件计算得到 211（$2\theta=31.77°$）、110（$2\theta=44.67°$）晶面间距分别为 2.814 和 2.027 Å 结果相吻合[43]。以 211 晶面带入 Scherrer 公式，计算出 Fe^0-HAP 复合材料晶粒为 8.97 nm，晶粒尺寸较小，可能是因为在较低的温度下制备[44]。

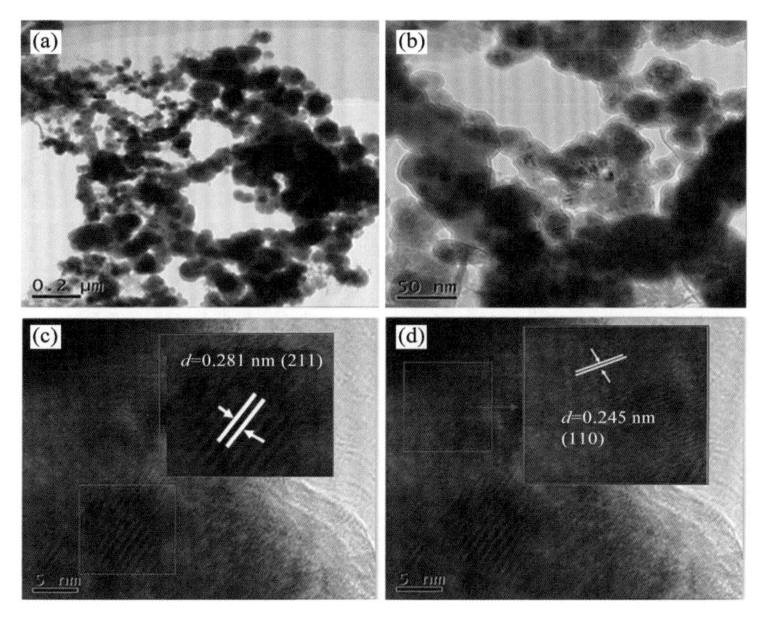

图 2.8 Fe^0-HAP 复合材料的 TEM 图

图 2.9（a）和图 2.9（f）为 Fe_3O_4-HAP 复合材料的 SEM 图。从图 2.9 中可以看出通过共沉淀法制备的复合材料粒径较大，晶粒分布不均匀，存在未成形的较大块颗粒。Fe_3O_4-HAP 复合材料由短棒状与球状组成，其中短棒状是球状纳米 HAP 团聚而成，而球状的则是 Fe_3O_4，微粒的大小与之前制备的粉体粒径尺寸没有发生变化。说明制备过程中，Fe_3O_4 与 HAP 表面的羟基之间形成的复杂的缔合分子，并未引起化学性质的改变。Fe_3O_4 粒子多数团聚在一起，分散性较差。

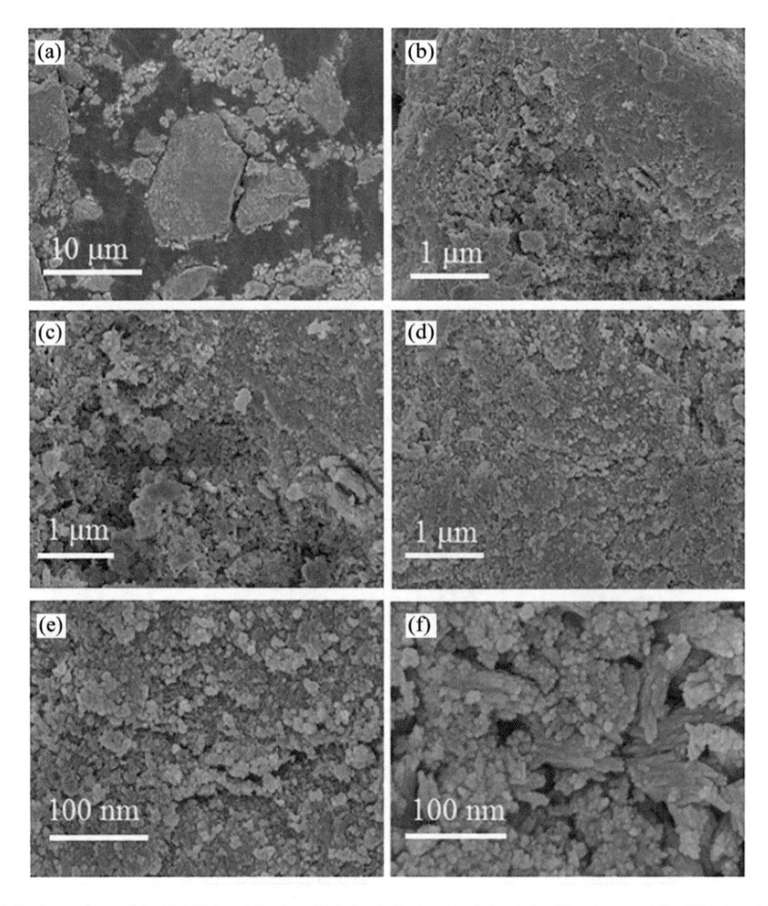

(a) 2000 ×；(b) 5000×；(c) 10 000×；(d) 20 000×；(e) 50 000×；(f) 100 000×

图 2.9　Fe_3O_4-HAP 复合材料 SEM 图

(4) XPS 表征

两种纳米复合材料 Fe^0-HAP 和 Fe_3O_4-HAP 的 XPS 光谱如图 2.10 所示。图 2.10 (a) 为两种材料 XPS 总谱图，可以看出，固体表面均由 Fe，Ca，P 和 O 以及用于校正结合能的 C 元素组成。图 2.10 (b) 和图 2.10 (c) 看出两种铁基材料 $Fe2p^{3/2}$ 峰位结合能在 711.6 eV 和 710.2 eV，铁存在的形式可能是赤铁矿 Fe_2O_3 也可能是水合氧化铁 FeOOH，$Fe2p^{3/2}$ 卫星峰位结合能在 720.4 eV 和 718.7 eV，表示 Fe_2O_3 的存在[45]。$Fe2p^{1/2}$ 的峰位结合能在 724.7 eV 和 724.7 eV，铁存在的形式可能是磁铁矿 Fe_3O_4。Fe^0-HAP 中还发现 $Fe2p^{3/2}$ 的峰位结合能在 706.9 eV，表示 Fe^0 的峰，说明纳米 Fe^0-HAP复合材料中存在 Fe^0，其表面被 FeOOH 或者 Fe_2O_3 形式的一层铁氧化物覆盖[46-47]，这与 XRD、TEM 等表征结果一致。此外，这两个峰的面积较低可能是由于实验期间 HAP 的干扰和 Fe^0 的氧化程度较低，但 HAP 可以提高 Fe^0 的稳定性并防止氧化。

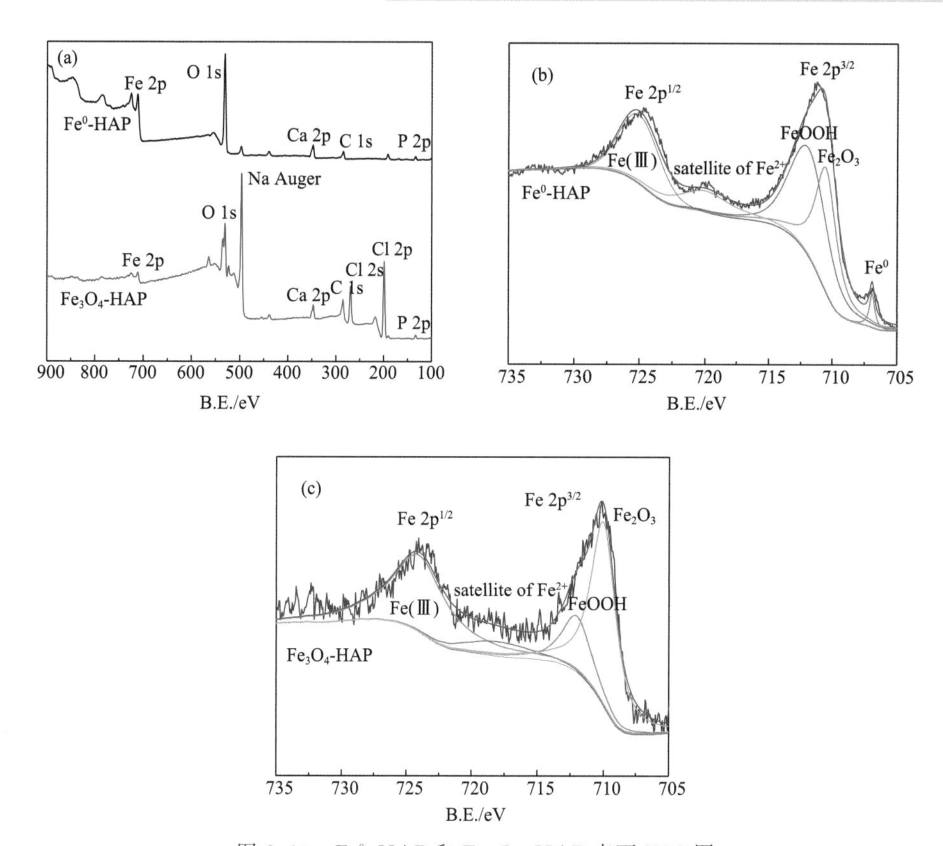

图 2.10　Fe^0-HAP 和 Fe_3O_4-HAP 表面 XPS 图

2.3　吸附性能研究

2.3.1　吸附性能测试

本书采用批量吸附实验法进行材料的吸附性能测试，实验步骤见图 2.11。

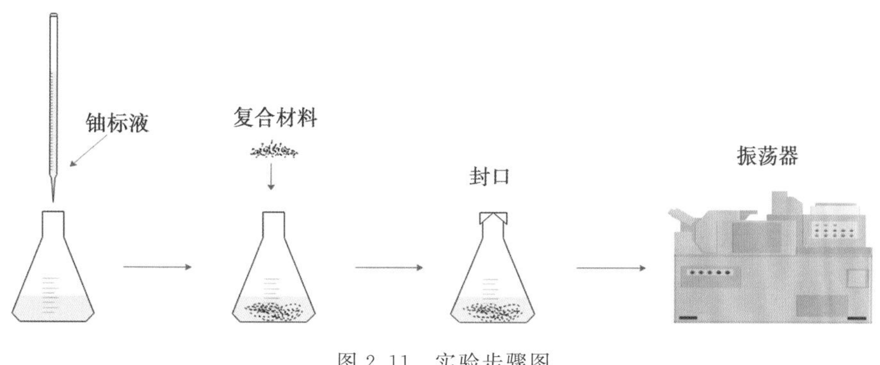

图 2.11　实验步骤图

（1）溶液 pH 对五种材料吸附铀的影响

分别量取 10.0 mg·L^{-1} 铀溶液 100 mL 于锥形瓶中，用 pH 计调节溶液 pH 为 3.0、4.0、5.0、6.0、7.0、8.0，再分别称取 0.020 g Fe^0、HAP、Fe^0-HAP、Fe_3O_4 和 Fe_3O_4-HAP 五种材料置于溶液中，在 25 ℃水浴恒温振荡器中振荡，取上清液离心，用 0.220 μm 滤膜过滤后，测定铀浓度。

（2）Fe^0-HAP 复合材料制备过程中 HAP 配比投加量和在吸附体系中复合材料投加量对铀吸附的影响

每份称取 3.825 g 的 $FeSO_4 \cdot 7H_2O$ 溶于去离子水中，分别加入 2.000、3.000、4.000、5.000、6.000 和 7.000 g 羟基磷灰石，制备成不同组分的 Fe^0-HAP 复合材料。取 100.0 mL 浓度为 10.0 mg·L^{-1} 的铀溶液，分别称取 0.020 g 制备好的复合材料置于溶液中，然后在 25.0 ℃水浴恒温振荡器振荡，取上清液离心并用 0.220 μm 滤膜过滤后，测定铀浓度。

分别量取 10.0 mg·L^{-1} 铀溶液 100 mL 于锥形瓶中，调节溶液 pH 为 4.0，再分别称取 0.005、0.010、0.015、0.020、0.025、0.030 g 的 Fe^0-HAP 复合材料置于溶液中，在 25.0 ℃水浴恒温振荡器振荡，取上清液离心并用 0.22 μm 滤膜过滤后，测定铀浓度。

（3）溶液初始浓度和时间对铀吸附的影响

分别量取浓度为 5.0、10.0、20.0、30.0、40.0 mg·L^{-1} 铀溶液各 100.0 mL 于锥形瓶中，调节溶液 pH 为 4.0，分别称取 0.020 g Fe^0-HAP 复合材料置于溶液中，锥形瓶放入 25.0 ℃水浴恒温振荡器中震荡，分别在反应 10、20、40、60、80、100、120、150 min 后静置取上清液，离心并用 0.220 μm 滤膜过滤，测定铀浓度。

（4）反应温度对铀吸附的影响

分别量取 10.0 mg·L^{-1} 铀溶液 100 mL 于锥形瓶中，调节溶液 pH 为 4.0，分别称取 0.020 g 的 Fe^0-HAP 复合材料置于溶液中，然后在 17.9、20.7、24.5、29.7 和 34.9 ℃水浴恒温振荡器振荡，取上清液离心并用 0.220 μm 滤膜过滤后，测定铀浓度。

（5）共存离子对铀吸附的影响

分别量取 10.0 mg·L^{-1} 铀溶液 100 mL 于锥形瓶中，调节溶液 pH 为 4.0，分别称取 0.020 g 的 Fe^0-HAP 复合材料置于溶液中，然后分别加入配置好的 0.05、0.10 和 0.20 mg·L^{-1} 的 $MnCl_2$ 和 Na_2CO_3 于各瓶中，在 25.0 ℃水浴恒温振荡器振荡，取上清液离心并用 0.22 μm 滤膜过滤后，测定铀浓度。

本书中每组实验重复做 3 次，取 3 次平均值记录数据进行结果分析。数据的相对误差在 5%左右。

2.3.2 铀测定与计算方法

(1) 铀标准溶液配制

准确称取1.179 g的U_3O_8放入50 mL烧杯内，向烧杯中加入60 mL高氯酸溶液，置于电炉上加热至完全溶解，此时溶液变为黄色，再加入10 mL浓盐酸，待剧烈反应停止后取下，溶液冷却后，用去离子水将溶液转移定容至1000 mL容量瓶中摇匀，配得浓度为1 g·L^{-1}的铀标准溶液。试验中所需其他浓度铀溶液由此标准溶液稀释到相应倍数配制（0.1～40.0 mg·L^{-1}）。

(2) 铀的测定和工作曲线

实验利用电感耦合等离子体法测定铀浓度。

开机稳定4小时，启动ICP-OES配套软件，输入各项参数，点燃等离子炬，依次测定浓度为0.5、1.0、5.0、10.0、20.0和40.0 mg·L^{-1}的铀标准工作溶液，线性工作曲线方程为：$y=4\ 734.202x+286.794$（$R^2=0.999\ 79$）。随后，测定已经离心及过滤膜，经前期处理好的待测样品。

(3) 实验数据分析

仪器直接测定出溶液铀浓度，其去除率和吸附容量计算公式[46]如下：

$$P=\frac{(c_0-c_t)}{c_0}\times 100\% \tag{2.1}$$

$$q=\frac{(c_0-c_t)\times V}{m} \tag{2.2}$$

式中：P为铀的去除率，%；q为吸附容量，mg·g^{-1}；c_0为铀溶液的初始浓度，mg·L^{-1}；c_t为t时刻铀浓度，mg·L^{-1}；V为铀溶液体积，L；m为反应材料的投加量，g。

2.3.3 吸附性能分析

(1) 溶液pH的影响

pH的变化会改变材料的电离度和表面电势，进而影响材料的铀吸附过程。现实环境条件较为复杂，水体的pH变化范围很大，会对铀的吸附带来很大影响。图2.12为铀溶液pH变化对HAP、Fe^0、Fe^0-HAP、Fe_3O_4和Fe_3O_4-HAP五种材料去除铀的影响。

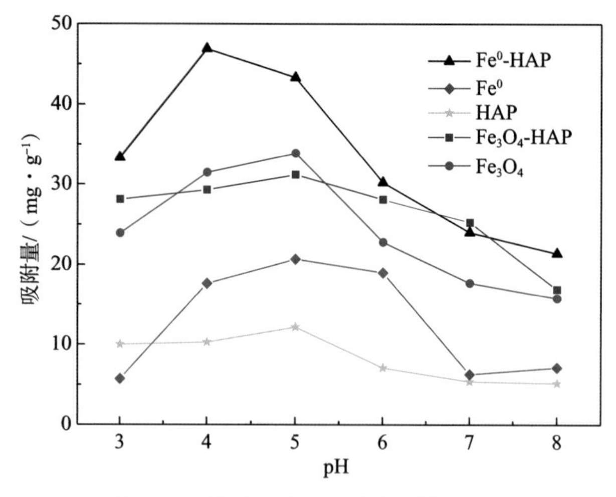

图 2.12　溶液初始 pH 对铀吸附的影响

从图中可以看出，在低 pH 范围内，材料铀吸附容量较低，铀吸附量随着 pH 的增加逐渐增大；pH 在 4～5 时，铀吸附量达到最大值，随着溶液 pH 进一步增大，铀吸附量逐渐降低，这主要是由于不同 pH 条件下水体中 H_3O^+ 离子和铀离子水解的影响。铀在溶液中主要以 UO_2^{2+} 形态存在，在低 pH 范围内，吸附剂表面大多数吸附位点被 H_3O^+ 所占据，产生电荷间静电斥力，UO_2^{2+} 很难向活性位点靠近，而与 PO_4^{3-} 结合占据孤对电子。随着 pH 升高，H_3O^+ 让出大量吸附位点，与 UO_2^{2+}、Fe 竞争力降低，HPO_4^{2-} 转化为 PO_4^{3-}，UO_2^{2+} 发生一系列水解，水解产物与复合材料的亲和力比 UO_2^{2+} 更强，有利于提高吸附量[47]。随后材料表面逐渐显负电荷，铀以 UO_2OH^+ 存在，和复合材料的—OH发生离子交换沉淀，生成吸附亲和力较弱的络合阴离子，$(UO_2)_2(OH)_2^{2+}$，$(UO_2)_3(OH)^{5+}$，$(UO_2)_4(OH)^{7+}$，$(UO_2)_3(OH)_7$结合状态紧密很难吸附，也难以与磷酸根络合，且高 pH 会促进氢氧化物钝化层的形成，阻碍材料进行反应，造成去除率的下降[48]。

铀溶液 pH 变化对 5 种材料去除铀有明显的影响，因为 pH 会影响铀在溶液中的存在形式以及材料的表面性质。两种复合材料去除效果相对更好些，这是因为复合材料中 HAP 和铁基与铀酰离子的相互作用，优于单纯 HAP 和 Fe^0 和 Fe_3O_4 对铀吸附作用，铁基的铀吸附性能相较 HAP 高些。Fe^0-HAP 的吸附性能总体上优于 Fe_3O_4-HAP 复合材料。综合考虑去除效果、制作成本和可操作性等因素，本书选用 Fe^0-HAP 复合材料作为去除材料进行研究。

（2）复合材料制备配比 HAP 投放量和复合材料投加量的影响

研究 Fe^0-HAP 复合材料制备中 HAP 配比投放量对铀去除影响，结果如图 2.13（a），投加 4 g 的 HAP 制备复合材料对铀的去除效果最好，达到 99%，而投加 2 g 的 HAP 制备复合材料对铀的去除率也达到 96%。综合考虑去除效果、制作成本，本次研究选取投放量 2 g HAP 制备 Fe^0-HAP 复合材料。

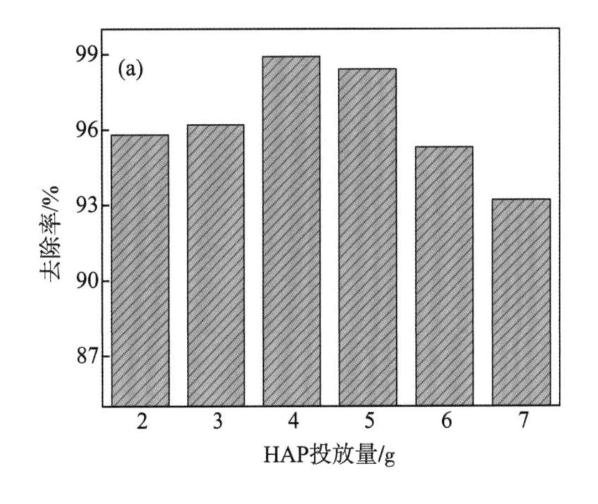

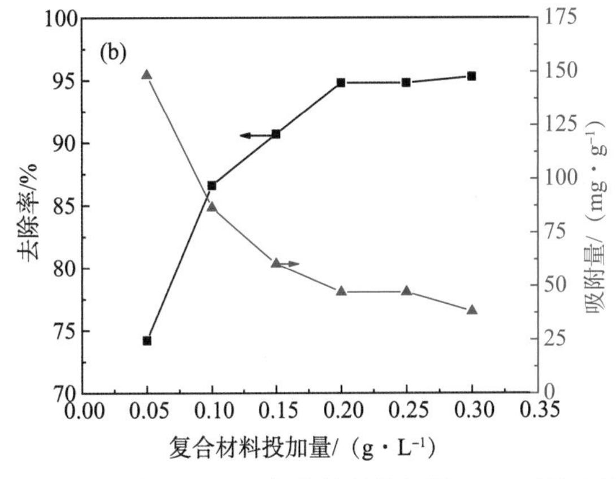

图 2.13　HAP 投放量（a）和复合材料投加量（b）对铀去除的影响

图 2.13（b）为 Fe^0-HAP 复合材料投加量对铀去除率和吸附量的影响。由图 2.13 可知，复合材料投加量增加，去除率先急剧增大，随后趋于稳定，而吸附量急剧下降，随后趋于稳定。这是因为材料用量增加，与铀充分接触，去除率增加；而溶液中 UO_2^{2+} 的数量是固定的，单位去除铀的量必然会减少[49-51]。复合材料投加 0.020 g 后，UO_2^{2+} 被全部去除，去除率稳定，吸附量继续下降。综合考虑吸附效果和成本等因素，本书中 Fe^0-HAP 复合材料最佳投加量为 0.2 g · L^{-1}。

（3）溶液铀初始浓度和反应时间的影响及吸附动力学和吸附等温线分析

在实际应用中，地下水环境条件复杂，水质变化大，真实场地的浓度变化会影响处理效果，快速高效的吸附剂能够起到降低生产成本、加快生产效率的作用。

图 2.14（a）所示，Fe^0-HAP 复合材料对铀的去除随着初始铀浓度的升高而升高。投加量一定的情况下，随着反应时间增加，复合材料对铀的去除迅速增加，UO_2^{2+} 与 HAP 上 Ca^{2+} 的位点竞争，发生离子交换，固相结构破坏导致大量析出络合能力很强的 PO_4^{3-}，与 UO_2^{2+} 发生络合沉淀反应[52-53]。

溶液铀初始浓度低时，与材料表面活性点接触充分，铀的去除保持在较高水平，吸附曲线比较平稳，说明 Fe^0-HAP 复合材料对低浓度含铀废水处理效果较好[54-56]；而浓度较高时，UO_2^{2+} 量大，一开始复合材料也能够快速吸附，而后溶液 pH 上升，H^+ 减少，UO_2^{2+} 水解，材料吸附反应活性位被占用，表面附着物增加，阻碍反应的进行，吸附速度减慢，吸附平衡后吸附容量基本不变。综合考虑吸附效率和吸附剂利用率，本书选定 160 min 为 Fe^0-HAP 的适宜反应时间。

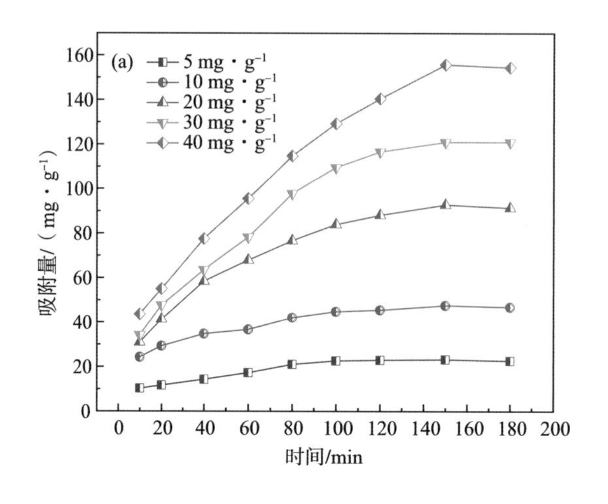

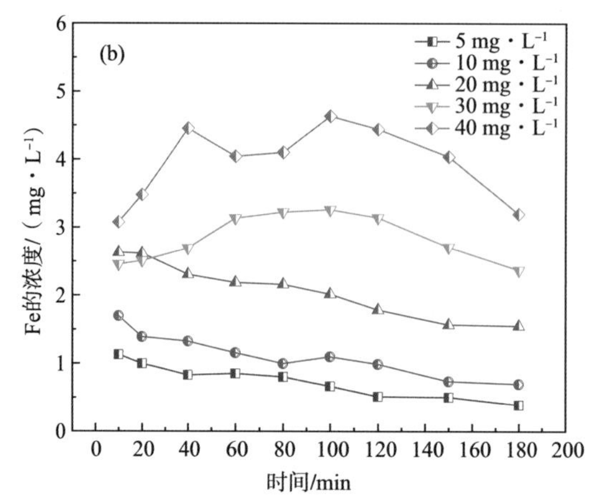

图 2.14　铀初始浓度和反应时间对铀去除的影响（a）；
不同铀初始浓度和反应时间铁的释放浓度变化（b）

图 2.14（b）是在不同铀浓度溶液中，Fe 的释放浓度随时间的变化情况。Fe 的浓度随着反应时间增加，浓度越来越低，在低铀浓度的溶液里，Fe 的浓度下降趋势比较平缓，铀初始浓度较高时，铁浓度波动比较大，可能是 Fe^0-HAP 复合材料去除铀，浓度低反映铀总量少，铁的活性比较强，反应速率快，浓度高，铀总量多，HAP 与 Fe^0 竞争，溶液中铁浓度影响更大。理论计算溶液中铁的浓度为 154.1 $mg \cdot L^{-1}$，而图中显示 Fe^0-HAP 除铀过程中铁的释放浓度也都较低，均低于 5 $mg \cdot L^{-1}$，因此可以认为

Fe^0-HAP 复合材料不会产生二次污染[57]。

1）吸附动力学分析

材料的吸附速率影响 PRB 的去除效率，污染物的水力停留时间、材料的吸附速率影响墙体设计厚度。吸附动力学主要研究固液间复杂的化学吸附与脱附的平衡状态，本书据此探讨材料对污染物的吸附机理。

① 准一级动力学（Pseudo first-order）模型最早由 Lagergren 于 1898 年提出，假设吸附过程受扩散步骤速率控制，颗粒内传质阻力是限制因素，通常用来描述固相间可逆反应的平衡、固体吸附的速率方程，其表达式[58]为：

$$\frac{\mathrm{d}q}{\mathrm{d}t}=k_1(q_e-q_t) \tag{2.3}$$

线性表达式为：

$$\ln(q_e-q_t)=\ln q_e-k_1 t \tag{2.4}$$

式中：q_t 为 t 时刻时铀吸附量，$mg\cdot g^{-1}$；q_e 为吸附平衡时铀吸附量，$mg\cdot g^{-1}$；k_1 为准一级吸附速率常数，min^{-1}。

② 准二级动力学（Pseudo second-order）模型最早是由 Ho 提出的，假定吸附速率受化学吸附过程及吸附剂表面空余吸附点位数影响控制，主要指吸附剂与被吸附物质间的电子共用或迁移。相对来说，准二级模型更易揭示整个吸附过程行为，且与速率控制步骤一致[59-60]，其表达式为：

$$\frac{\mathrm{d}q}{\mathrm{d}t}=k_2(q_e-q_t)^2 \tag{2.5}$$

线性表达式为：

$$\frac{t}{q_t}=\frac{1}{k_2 q_e^2}+\frac{t}{q_e} \tag{2.6}$$

式中：k_2 为准二级吸附速率常数，$g\cdot mg^{-1}min^{-1}$。

③ Elovich 模型描述了不均匀相吸附剂的吸附过程，同时在低表面覆盖度条件下，吸附质之间并无相互影响，适合于非均相的扩散过程，其表达式为：

$$q_t=\frac{1}{\beta}\ln(\alpha\beta)+\frac{1}{\beta}\ln t \tag{2.7}$$

式中：α 为 q_t 趋于 0 时的起始吸附速率，$mg\cdot g^{-1}\cdot min^{-1}$；$\beta$ 为吸附活化能有关的常数，$g\cdot mg^{-1}$。

固液吸附包含 3 个基本过程：孔扩散、液膜和吸附反应（吸附剂表面的活性位点对吸附质的化学吸附和解吸）。

④ 液膜扩散（liquid-film diffusion，外扩散）是溶液中铀向材料表面扩散，穿过材料表面液膜的过程，扩散速度取决于溶液的紊动强度、铀溶液浓度等因素，模型表达式为：

$$\ln\left(1-\frac{q_t}{q_e}\right)=-k_f\cdot t+A \tag{2.8}$$

式中：k_f 为液膜扩散速率常数，min^{-1}；A 为液膜扩散常数。

⑤ 粒子内扩散（Intra-particle diffusion）模型常被用来分析吸附过程中的控速步骤，铀进入材料表面后，在材料孔隙内的扩散过程，其扩散速度取决于铀大小、材料孔隙大小和孔隙数量等因素。其表达式为：

$$C_t = \frac{6 q_e \sqrt{D_i}}{\sqrt{\pi} RV} \cdot \sqrt{t} + C_0 \tag{2.9}$$

$$q_t = k_{ipd} t^{\frac{1}{2}} + C \tag{2.10}$$

式中：k_{ipd} 为粒子内扩散速率常数，$mg \cdot (g \cdot min^{0.5})^{-1}$；$C$ 为粒子附面液膜层厚度的参数，$mg \cdot g^{-1}$。

本书采用准一级动力学、准二级动力学、Elovich 模型、液膜扩散和粒子内扩散五种动力学模型来拟合分析，进一步研究 Fe^0-HAP 复合材料对铀的吸附动力学机理[61-63]，Fe^0-HAP 的铀吸附动力学拟合曲线及拟合参数见图 2.15 和表 2.2。

对比模型的决定因子液膜扩散模型拟合相关系数 R^2 值，根据各吸附动力学模型对复合材料吸附量与时间关系的拟合情况，准一级、准二级、Elovich、液膜和粒子内扩散吸附动力学模型 5 种吸附动力学拟合情况均较良好。

准二级动力学和 Elovich 比准一级拟合程度更高。同时，由准二级动力学线性方程拟合出 Fe^0-HAP 的饱和吸附量在低浓度时也与实际实验结果更相近，说明准二级动力学模型和 Elovich 适合于描述 Fe^0-HAP 对铀的吸附过程。由于准二级动力学方程基于假设吸附速率受化学吸附控制，说明 Fe^0-HAP 对铀的吸附机理主要为化学吸附，涉及通过共享或交换电子之间的价态力。Elovich 方程成功地用于描述二阶动力学，假设复合材料表面是能量异质的。α 的值比 β 高得多，表明吸附速率高于解吸速率，这表明吸附过程的可行性。

吸附剂吸附速率还受膜扩散、内扩散以及吸附活性位点反应所控制。利用液膜、粒子内扩散吸附动力学模型对复合材料吸附铀的过程进行更为详尽的分析。液膜扩散模型拟合相关系数 R^2 大于 0.93，说明铀传质过程符合液膜扩散模型，其速率主要取决于铀在附面液膜内的扩散速度[64]，特别是铀初始浓度大于 20 $mg \cdot L^{-1}$ 的液膜扩散截距值非常接近于零，这表明复合材料的吸附动力学可以通过其周围的液膜扩散来控制。粒子内扩散模型拟合相关系数 R^2 大于 0.95，说明吸附过程包含吸附质在吸附剂粒子内的扩散过程，粒子内扩散模型有良好适应性，拟合线不经过原点，表明吸附过程还可能包含附面液膜层的扩散等其他步骤，粒子内扩散不是控制吸附过程的唯一步骤，这与液膜扩散模型结果一致。液膜和颗粒内扩散均是限速步骤，吸附动力学可通过膜扩散和颗粒内扩散同时控制，如表 2.2 所示。

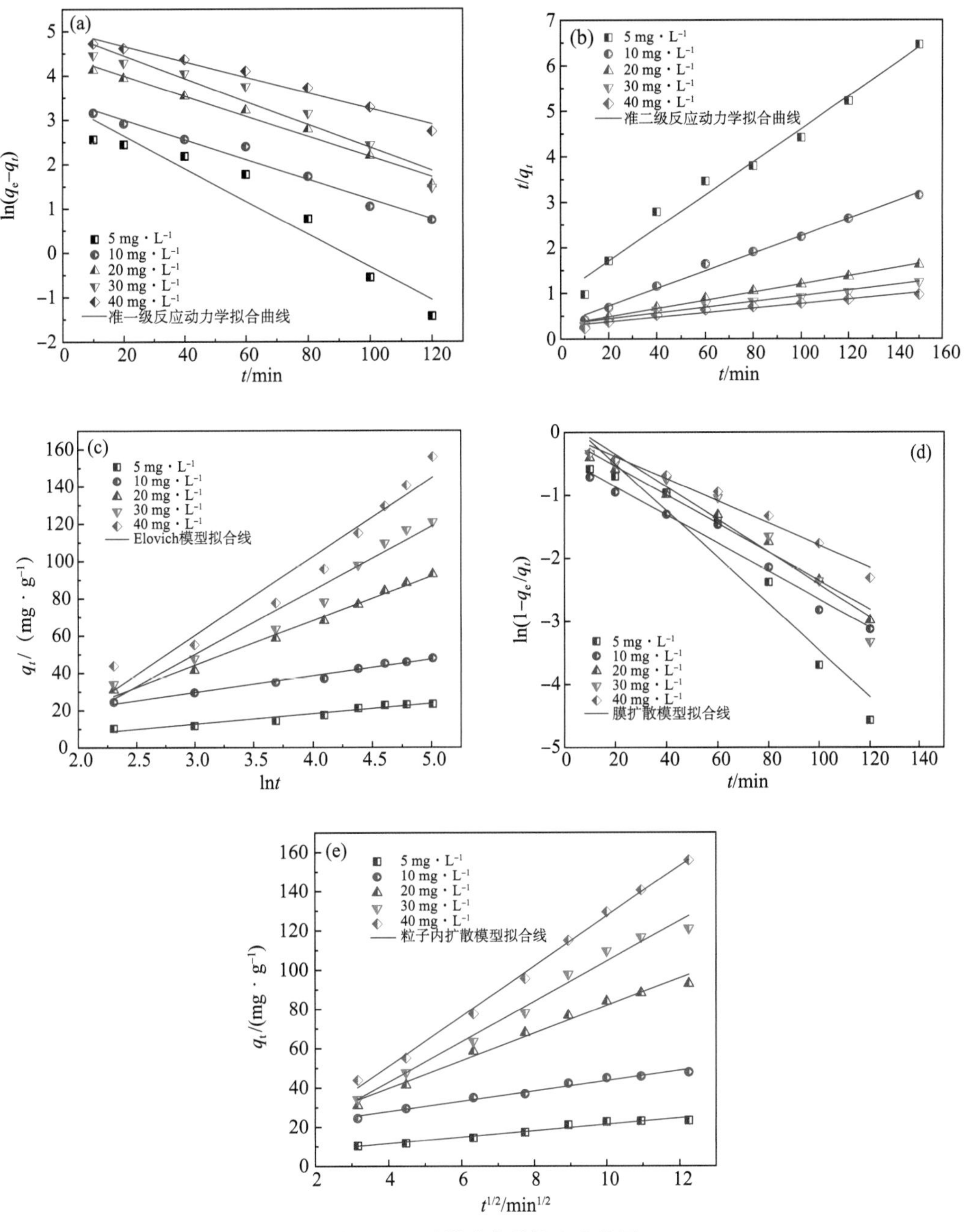

图 2.15　吸附动力学拟合曲线图

表 2.2 动力学模型及参数

吸附动力学模型	准一级				准二级			Elovich			吸附动力学模型		液膜扩散			粒子内扩散		
ρ/(mg·L^{-1})	q_e/(mg·g^{-1})	$q_{e计算}$/(mg·g^{-1})	k_1/min^{-1}	R^2	$q_{e计算}$/(mg·g^{-1})	k_2/[g·(mg·min)$^{-1}$]	R^2	a/[mg·(g·min)$^{-1}$]	β/(g·mg^{-1})	R^2	ρ/(mg·L^{-1})	q_e/(mg·g^{-1})	K_{fd}/(min^{-1})	intercept	R^2	K_{ipd}/[mg·min$^{-0.5}$·g^{-1}]	C/(mg·g^{-1})	R^2
5	23.23	29.33	0.03	0.93	27.62	1.34×10^{-3}	0.98	2.70	0.18	0.94	5	23.23	0.03	0.23	0.93	1.63	4.91	0.95
10	47.68	31.38	0.02	0.97	52.08	1.11×10^{-3}	0.99	12.46	0.11	0.98	10	47.68	0.02	0.41	0.97	2.60	17.38	0.97
20	92.81	85.20	0.02	0.98	112.36	2.64×10^{-4}	0.99	7.55	0.04	0.99	20.0	92.81	0.02	0.08	0.98	7.01	11.51	0.98
30	120.97	143.32	0.02	0.94	161.29	1.23×10^{-4}	0.97	7.36	0.02	0.95	30.0	120.97	0.02	0.17	0.94	10.26	1.67	0.98
40	155.77	150.34	0.01	0.97	204.08	8.90×10^{-5}	0.95	8.63	0.02	0.94	40	155.77	0.01	0.03	0.97	12.77	0.38	0.99

2）吸附等温线分析

吸附等温线主要讨论某一温度下溶液平衡浓度与吸附量的相关关系，通常通过其变化规律以及曲线形状，了解吸附剂对吸附质的吸附能力以及界面上吸附分子的状态和吸附层结构，根据吸附理论所揭示的吸附机理，以及等温式中部分参数与吸附机制、吸附层结构、吸附剂宏观表面结构的关系，分析得出作用机制。

① Langmuir 模型

该模型是在1918年基于动力学角度首次提出的，假设吸附过程为固体表面单分子层吸附，吸附剂表面性质均一，固体表面分子间无作用力，且动态可逆平衡，线性表达式方程为：

$$\frac{c_e}{q_e}=\frac{c_e}{q_m}+\frac{1}{q_m K_L} \tag{2.11}$$

式中：c_e 为吸附平衡时铀浓度，$mg \cdot g^{-1}$；q_m 为最大吸附量，$mg \cdot g^{-1}$；K_L 为 Langmuir 吸附平衡常数，$L \cdot mg^{-1}$。

$$R_L=\frac{1}{1+K_L \cdot c_0} \tag{2.12}$$

式中：R_L 为等温线的平衡常数或分离因子[65]，

R_L可分析材料与铀之间的相互作用力，有效反应吸附性质和等温线特征[66-67]，$R_L>1$，表示不利吸附，吸附过程较难进行；若 $R_L=1$，表示吸附可逆，等温线呈线性；$0<R_L<1$，说明有利吸附，在实验浓度范围内吸附质容易被吸附剂吸附；$R_L=0$，表示不可逆吸附；$R_L<0$，说明不利吸附。

② Freundlich 方程

经验方程，1906年依据恒温吸附试验结果推导得到，多适用于非均质或者多层吸附现象的拟合，假设吸附剂表面是不均匀的，描述高浓度吸附质或吸附平衡常数与表面覆盖度有关的吸附现象，线性形式为：

$$\ln q_e=\ln K_F+\frac{1}{n}\ln c_e \tag{2.13}$$

式中：K_F 为 Freundlich 常数，$L \cdot mg^{-1}$；n 为 Freundlich 常数。

K_F和 n 都是 Freundlich 常数，K_F反映吸附能力，与铀和材料的性质、用量及温度等有关，值越大表明材料和铀结合力越强。n 是位能不均匀或非线性因子，表征吸附推动力强弱的特征常数，反映材料表面异质能，与吸附体系性质有关，决定等温线形状，说明吸附的非线性程度，可吸附过程的难易程度或吸附是否优惠，$0<1/n<1$ 为优惠吸附；$0.1<1/n<0.5$，易吸附；$0.5<1/n<1$ 时，较难吸附；当 $1/n>1$ 时，难吸附。Freundlich 模型能够在较大浓度范围内与实验结果吻合，在物理和化学吸附中广泛应用。

③ Tempkin 方程

1904年提出的有关吸附热和吸附界面分子间相互作用的吸附模型，假设吸附热随温度的变化是线性的而不是对数的，适用于不均匀表面的吸附体系，常描述吸附质与吸附剂间有强分子间作用的化学吸附过程[68]，线性形式为：

$$q_e = \frac{RT}{b_T}\ln A_T + \frac{RT}{b_T}\ln c_e \tag{2.14}$$

式中：R 为理想气体常数，8.314 J·(mol·K)$^{-1}$；T 为实验温度，K；b_T 为 Tempkin 常数；A_T 为 Tempkin 常数，L·mol^{-1}；RT/b_T 为反应吸附热。

A_T 为平衡结合常数，反映最大结合能量。

④ Dubinine-Radushkevich（D-R）方程

这是一个经验方程，从能量角度来描述吸附过程，通过计算吸附自由能，判断吸附过程是化学或是物理吸附。假设吸附剂吸附过程为微孔填充过程且具有恒定的吸附势，其适用范围很大。线性方程为：

$$\ln q_e = \ln q_m - K_{DR}\varepsilon^2 \tag{2.15}$$

式中：q_e 为单位质量吸附剂的吸附量，mol·g^{-1}；q_m 为最大吸附量，mol·L^{-1}；K_{DR} 为吸附能常数，mol^2·kJ^{-2}；ε 为 Polanyi 吸附势。

ε 与溶液中吸附质的浓度有关，可由下式求得：

$$\varepsilon = RT\ln\left(1 + \frac{1}{c_e}\right) \tag{2.16}$$

$$E_s = \frac{1}{\sqrt{2K_{DR}}} \tag{2.17}$$

式中：E_s 为吸附自由能，kJ·mol^{-1}。

E_s可分析吸附过程属于物理或化学吸附，$E_s \leqslant 8$ kJ·mol^{-1}，表明为物理吸附，$8 < E_s < 16$ kJ·mol^{-1}，表示主要为离子交换作用；$E_s > 16$ kJ·mol^{-1}，则吸附反应属于化学吸附。

利用 Langmuir、Freundlich、Tempkin 和 Dubinine-Radushkevich 四种等温模型，对 Fe^0-HAP 复合材料吸附铀吸附等温平衡进行数据拟合[69-70]，相关拟合参数见表 2.3，拟合结果如图 2.16 所示。

表 2.3 吸附等温线拟合参数表

温度	Langmuir 模型			Freundlich 模型		
	K_L/(L·mg^{-1})	q_m/(mg·g^{-1})	R^2	K_F/[mg·g^{-1} (mg·L^{-1})^n]	n^{-1}	R^2
25 ℃	0.56	178.571	0.966	56.205	2.012	0.870

续表

温度	Temkin 模型			D-R 方程			
	b_T/(J·mol^{-1})	A_T/(L·mg^{-1})	R^2	q_m/(mol·g^{-1})	K_{DR}/(mol^2·kJ^{-2})	E_s/(kJ·mol^{-1})	R^2
25 ℃	68.189	6.853	0.964	1.195	8×10^{-9}	7.906	0.906

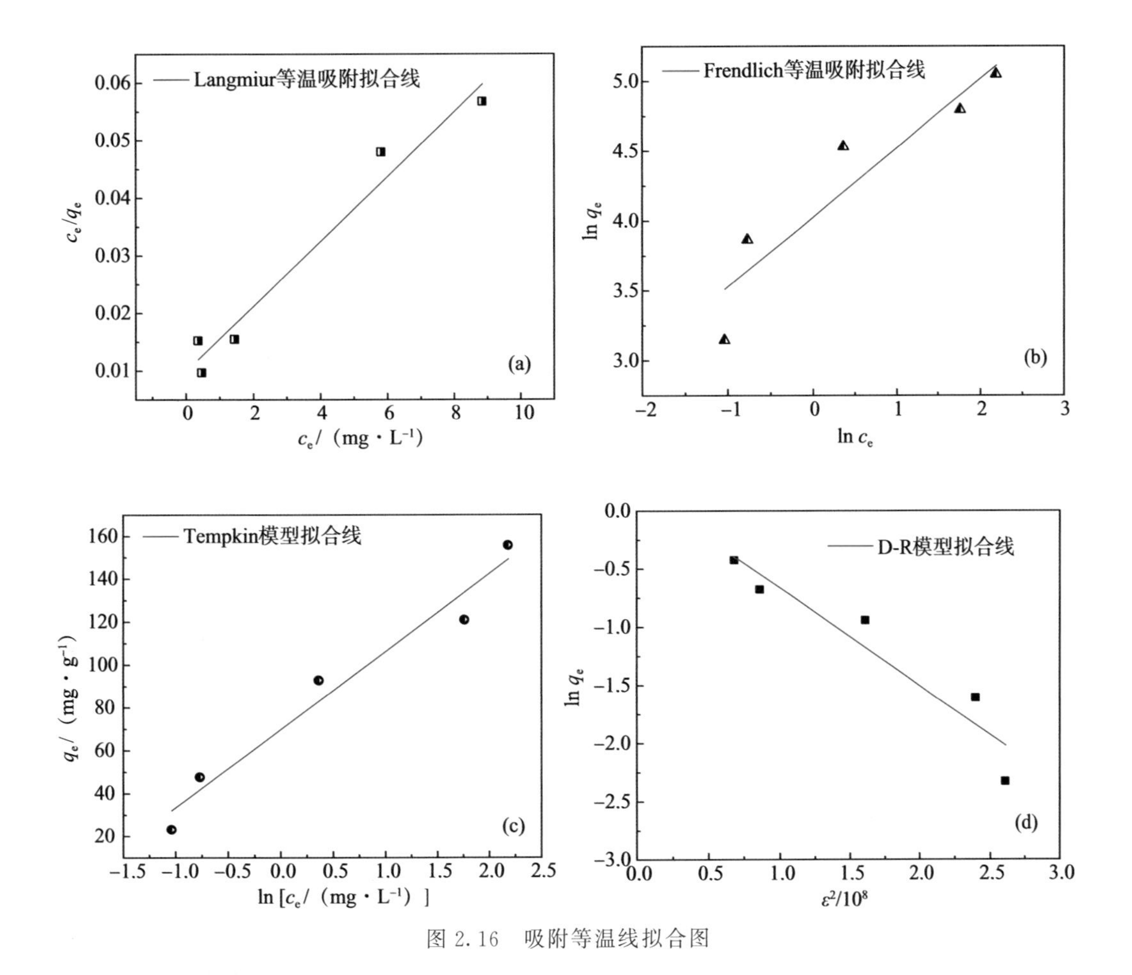

图 2.16 吸附等温线拟合图

比较拟合方程的决定因子相关系数 R^2，Langmuir 等温吸附模型拟合效果最好，Temkin 等温吸附模型次之，其次是 D-R 等温吸附模型，Freundlich 等温吸附模型拟合相关系数 R^2 低于 0.9，效果最差。说明 Fe^0-HAP 复合材料吸附铀更趋近于均匀的单层吸附。虽然 Fe^0-HAP 复合材料比表面积大、孔道结构丰富，表面对铀存在两种吸附力，即 Fe^0-HAP 表面对铀的物理吸附和磷酰基官能团对铀的化学吸附，但吸附过程中化学吸附占主导地位[71]。Temkin 吸附等温线模型中 R^2 值相对 Freundlich 和 D-R 的较高，说明在吸附过程中 Fe^0-HAP 与铀之间存在着一定的相互影响作用，b_T 值为 68.197，表明存在非均相表面吸附，由于静电相互作用和不均匀的孔。D-R 模型的能量值（7.906 $kJ \cdot mol^{-1}$）低于 8 $kJ \cdot mol^{-1}$，表明铀在复合材料上的吸附过程主要受物理吸附的影响[72]。

无量纲常数分离因子 R_L 列于表 2.4 中。各浓度 R_L 值均在 0～1 范围内，这表明在本研究中使用的浓度范围内，Fe^0-HAP 复合材料对铀的去除是有利的。因此，该复合材料是有利的吸附剂。这与 Freundlich 等温吸附模型计算得 $1/n=0.497<0.5$，Fe^0-HAP 容易对铀进行吸附的结果一致。分离因子随浓度的增加而减小，说明该吸附过程为不可逆。

表 2.4　各浓度分离因子

c_0/（$mg \cdot L^{-1}$）	5	10	20.0	30.0	40
R_L	0.263	0.152	0.082	0.056	0.043

（4）反应温度的影响

温度是材料吸附过程中扩散速率和材料达到平衡的重要影响因素[73]。图 2.17（a）为温度对 Fe^0-HAP 复合材料铀吸附性能的影响。从图中可知，温度变化对 Fe^0-HAP 铀吸附量影响非常小。但随着温度的升高，铀吸附量逐渐增大，表明溶液温度的升高有利于 Fe^0-HAP 吸附铀反应的进行。

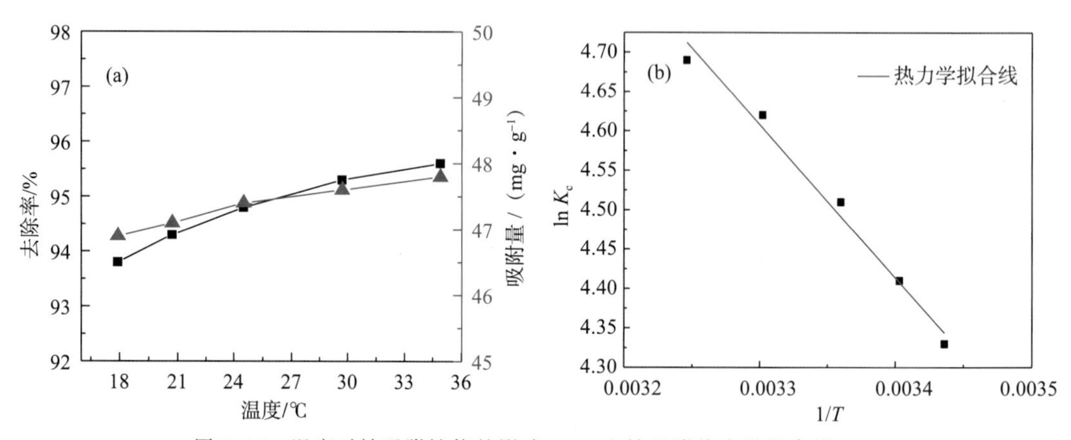

图 2.17　温度对铀吸附性能的影响（a）和铀吸附热力学拟合线（b）

热力学参数熵（ΔS^0），焓（ΔH^0）和吉布斯自由能（ΔG^0）可用下面的公式计算，它们的拟合结果如图 2.18（b）和表 2.5 所示。

$$\Delta G^0=-RT\ln K_C \tag{2.18}$$

$$\ln K_C=\frac{\Delta S}{R}-\frac{\Delta H}{RT} \tag{2.19}$$

$$\Delta G^0 = \Delta H^0 - T\Delta S^0 \tag{2.20}$$

$$K_C = \frac{(c_0 - c_e) \times V}{c_e \times m} \tag{2.21}$$

式中：K_C 为吸附分配系数，L·mg^{-1}。

从图 2.17（b）中可以看出，热力学拟合相关系数 R^2 值为 0.982，Fe^0-HAP 复合材料吸附热力学拟合曲线与实际实验结果的符合程度较好。根据表 2.5 可知，$\Delta H^0>0$，说明 Fe^0-HAP 复合材料对铀的吸附反应是吸热反应，与图 2.17（a）结果一致，温度升高有利于反应进行。通常当 $\Delta H^0>0$ 且低于 20.9 kJ·mol^{-1}，吸附反应的机理属于物理吸附；$\Delta S^0>0$，说明 Fe^0-HAP 在吸附过程中固一液界面随机性和混乱程度增加，可能是由于铀与复合材料的磷酰基官能团作用造成的。同时，复合材料对铀的吸附是一个熵增的过程，是从有序到无序的一个过程；在不同温度下，Fe^0-HAP 吸附铀的 $\Delta G^0<0$，说明 Fe^0-HAP 复合材料吸附铀的反应是自发进行的，且随着温度的升高，ΔG^0 逐渐降低，再次说明温度越高，越有利于复合材料对 U 的吸附。

表 2.5 热力学拟合参数表

ΔG^0/（kJ·mol^{-1}）					ΔH^0/（kJ·mol^{-1}）	ΔS^0/（J·mol^{-1}·K^{-1}）
291.05 K	293.85 K	297.65 K	302.85 K	308.05 K		
−10.519	−10.773	−11.117	−11.588	−12.059	15.837	90.556

（5）Mn^{2+} 和 CO_3^{2-} 对铀去除的影响

地下水原位修复过程中，有大量其他离子的存在，它们与铀对材料表面吸附位点及反应活性位点竞争，影响材料去除铀。CO_3^{2-}、Mn^{2+} 离子是地下水中最常见的离子，其对复合材料吸附铀的影响见图 2.18。

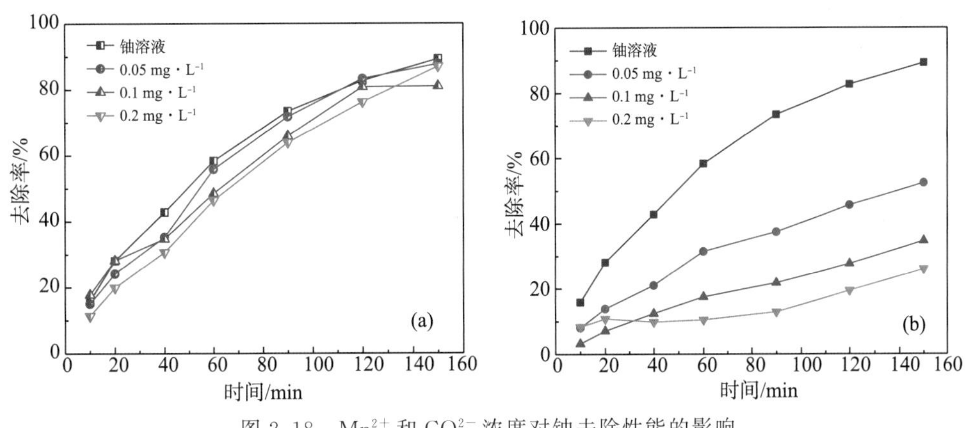

图 2.18 Mn^{2+} 和 CO_3^{2-} 浓度对铀去除性能的影响

从图 2.18 中可知，CO_3^{2-}、Mn^{2+} 对 Fe^0-HAP 复合材料去除铀都存在抑制作用，浓度越大影响越大，这是因为 Mn^{2+} 与 Fe^{2+} 产生竞争作用；Mn^{2+} 在溶液中也会产生少量的氢氧化物的沉淀物，附着在复合材料表面，导致反应概率降低，影响铀的去除。而 CO_3^{2-} 对复合材料去除铀影响更大，由于 CO_3^{2-} 加入会影响溶液的 pH，前文实验得知溶液 pH 会影响铀的存在形式和材料的性质，而且 CO_3^{2-} 与 UO_2^{2+} 会形成稳定的 $[UO_2(CO_3)_2]^{2+}$、$[UO_2(CO_3)_3]^{5-}$ 配位阴离子，复合材料很难将这些络合阴离子去除。说明 Fe^0-HAP 对铀具有一定的选择性吸附作用。

2.4 机理研究

2.4.1 吸附前后材料表征对比分析

Fe^0-HAP 复合材料与铀反应前后的 XRD 图谱如图 2.19（a）所示，其中 2θ 在 26.7°、36.7°和 47.1°为 FeOOH 的特征衍射峰，表明 Fe^0-HAP 与铀反应后生成氧化物或氢氧化物。反应前复合材料中有 Fe^0 的存在，但是与铀反应后，Fe^0-HAP 中 Fe^0 氧化变成了 Fe（Ⅱ）和 Fe（Ⅲ）存在，对比可知反应后原有特征峰的位置没有明显差异，衍射强度相对减弱，说明复合材料除铀过程中有消耗，可能因为铀浓度过低，所以铀在 XRD 中并未检测出。

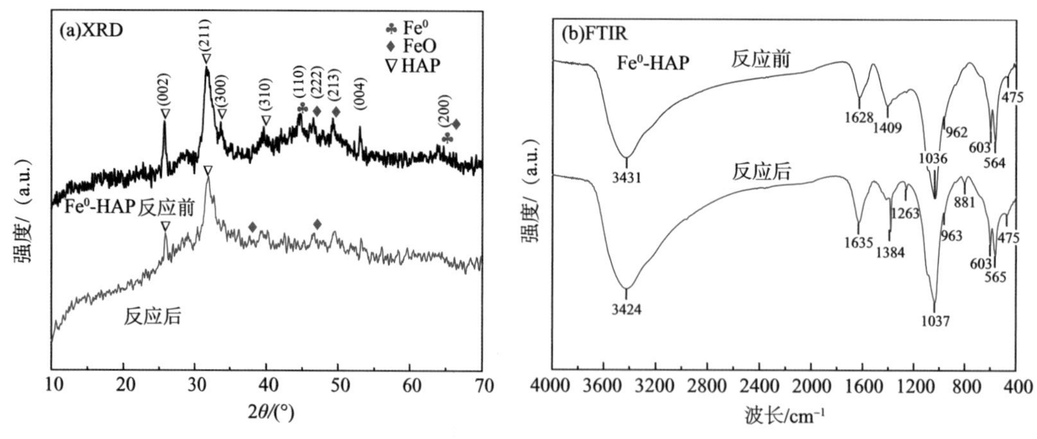

图 2.19 Fe^0-HAP 复合材料反应前后 XRD 和 FTIR 光谱图

图 2.19（b）中，比较 Fe^0-HAP 复合材料反应前后的 FTIR 光谱图可知，吸附后在 881 cm^{-1} 处出现了新的吸收峰，这是 Fe^0-HAP 复合材料吸附铀酰离子基团的特征峰。这个过程可能发生了离子交换，在吸附过程中形成的沉淀物可能是钙铀云母

($Ca[UO_2PO_4]_2 \cdot 6H_2O$)或水钠钙铀矿（$Na_2Ca(UO_2)(-CO_3)_3 \cdot 6H_2O$）。吸附后3431 cm^{-1}吸收峰红移到3424 cm^{-1}，1628 cm^{-1}吸收峰红移到1635 cm^{-1}等，没有其他大的峰值变化，这表明复合材料的结构没有显著变化。

纳米Fe^0-HAP复合材料反应前后的XPS光谱如图2.20所示。图（b）、（c）对比可知反应前复合材料中有Fe^0的存在，但是与铀反应后，由于复合材料中Fe^0氧化变成了Fe（Ⅱ）和Fe（Ⅲ），以氧化物或氢氧化物沉淀的形式存在，在图（c）的XPS光谱中没有发现Fe^0峰。图（d）中在382.6 eV的结合能U4f的特征峰出现，这表明铀通过化学相互作用被Fe^0-HAP吸收。

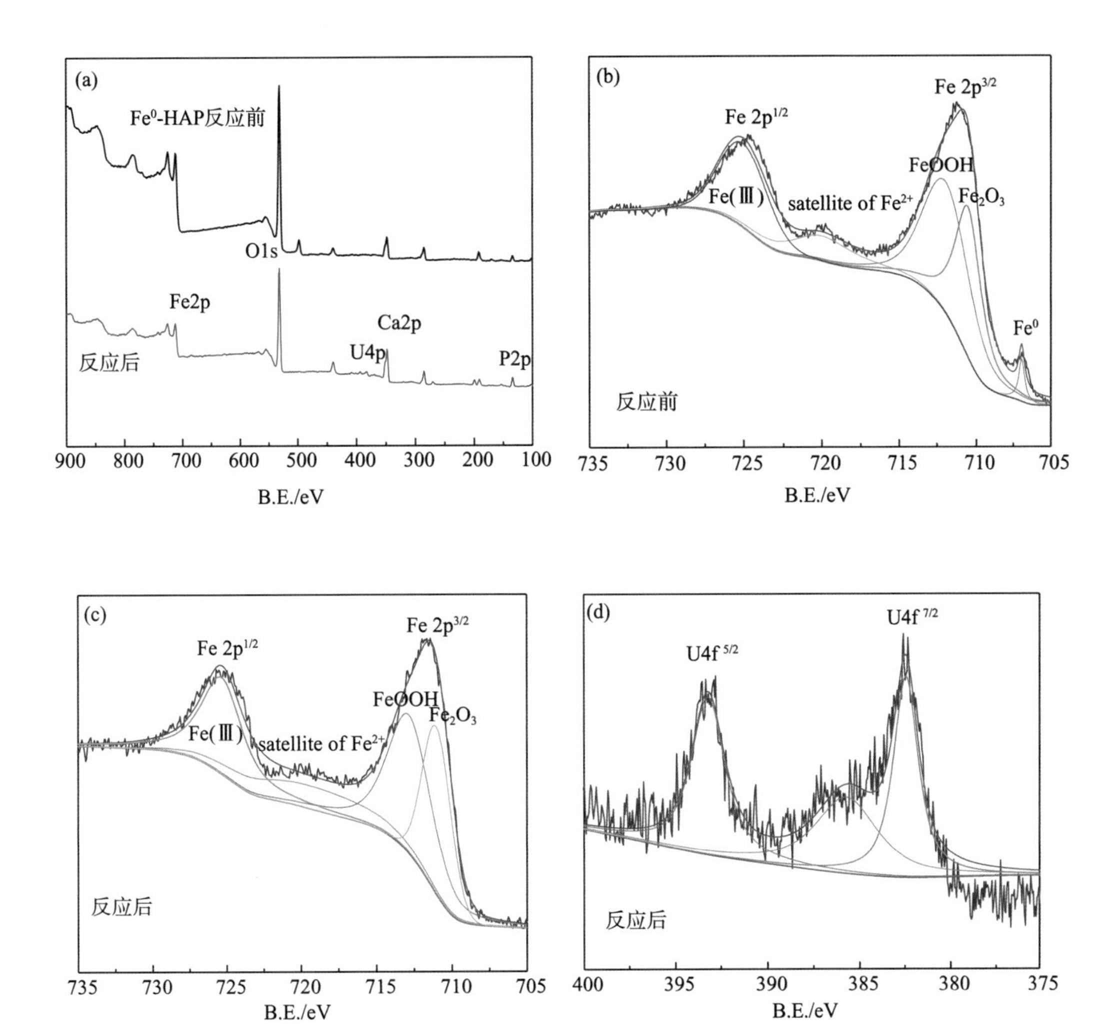

图2.20　Fe^0-HAP反应前后XPS总谱图（a）；
Fe 2p反应前（b）和反应后（c）XPS图；反应后U4f（d）XPS图

2.4.2 反应机制探讨

结合 XDR、FTIR 和 XPS 的数据结果分析，纳米 Fe^0-HAP 复合材料去除铀的反应机理主要是界面过程，存在吸附、离子交换、还原沉淀和溶解沉淀 4 种反应机制，如图 2.21 所示。

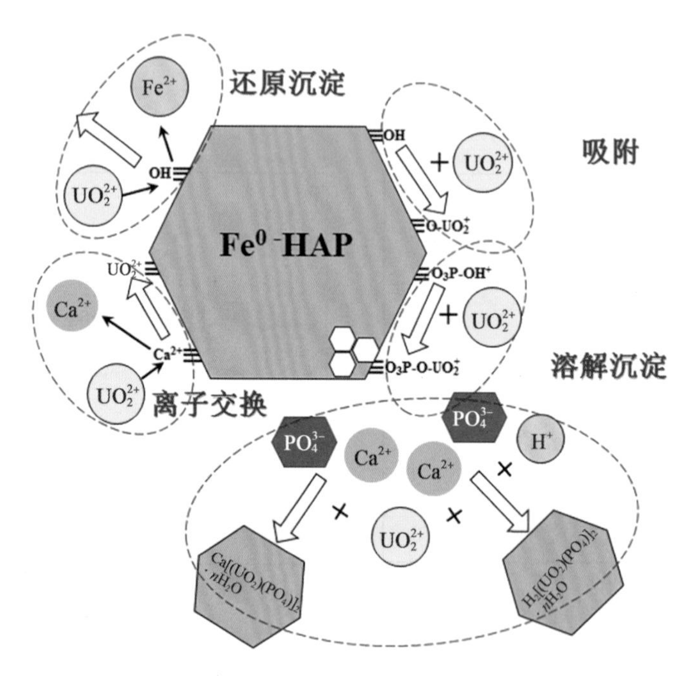

图 2.21 Fe^0-HAP 去除 U 的反应机理图

（1）吸附机制

纳米 Fe^0-HAP 复合材料粒子比普通铁粉或者 HAP 粒径小、比表面积大，粒子的比表面能量高、吸附能力强，可快速高效的将 U 吸附到材料表面。UO_2^{2+} 扩散转移到材料的表面，发生活性位吸附（主要吸附过程）和非活性位吸附（孔容、孔径的存在为材料提供了非活性位点吸附）。

UO_2^{2+} 占据≡OH 或≡O_3P—OH^+ 的活性吸附位点以释放 H^+。

$$\equiv OH + UO_2^{2+} = \equiv O—UO_2^{+} + H^{+} \quad (2.22)$$

$$\equiv O_3P—OH^{+} + UO_2^{2+} = \equiv O_3P—O—UO_2^{+} + H^{+} \quad (2.23)$$

（2）离子交换

材料表面 Ca^{2+} 可以通过同晶取代与铀反应。

$$\equiv Ca^{2+} + UO_2^{2+} = \equiv UO_2^{2+} + Ca^{2+} \quad (2.24)$$

（3）还原沉淀

Fe^0与铀发生氧化还原，反应的腐蚀产物与铀发生共沉淀和吸附；

$$\equiv UO_2^{2+} + Fe^0 = UO_2 + Fe^{2+} \tag{2.25}$$

元素铁的价电子层结构为$3d^6 4s^2$，标态下Fe^{2+}/Fe的标准电极电位值是-0.440 V，小于U^{6+}/U^{4+}的0.33 V，Fe反应活性较强，将电子传递给电极电位比高的铀，U^{6+}得电子还原为U^{4+}，同时Fe被氧化：$Fe^0 \rightarrow Fe^{2+} + 2e^-$，伴有共沉淀作用。

在$Fe\text{-}H_2O$体系中，Fe既能还原标准电极电位较正的UO_2^{2+}，又可能与H_2O发生水解，在材料表面UO_2^{2+}与OH^-进行配位反应，生成溶解度低的铀的配合物，降低溶液中U的溶度，而Fe^{2+}易被氧化生成Fe^{3+}，且与OH—结合形成FeOOH的配合物。

腐蚀物产生：$2Fe^0 + O_2 + 2H_2O = 2Fe^{2+} + 4OH^-$ (2.26)

$$Fe^{2+} + \frac{1}{4}O_2 + \frac{5}{2}H_2O = Fe(OH)_{3(s)} + 2H^+ \tag{2.27}$$

$$Fe^{2+} + 2OH^- \rightarrow Fe(OH)_{2(s)} \tag{2.28}$$

Fe^0还原沉淀：$Fe^0 + [UO_{2(aq)}]^{2+} \rightarrow UO_{2(s)} + Fe^{2+}$ (2.29)

还原沉淀：$UO_2^{2+} + 2Fe^{2+} \rightarrow UO_{2(s)} + 2Fe^{3+}$ (2.30)

新生态氢还原沉淀：$UO_2^{2+} + 2[H] \rightarrow UO_{2(s)} + 2H^+$ (2.31)

（4）溶解—沉淀机制

Fe^0-HAP在酸性条件下的部分溶解，产生少量的Ca^{2+}和PO_4^{3-}生成$H_2[(UO_2)(PO_4)]_2 \cdot nH_2O$或$Ca[(UO_2)(PO_4)]_2 \cdot nH_2O$沉淀。

$$Ca_{10}(PO_4)_6(OH)_2 = 10Ca^{2+} + 6PO_4^{3-} + 2OH^- \tag{2.32}$$

$$2H^+ + UO_2^{2+} + 2PO_4^{3-} + nH_2O = H_2[(UO_2)(PO_4)]_2 \cdot nH_2O \tag{2.33}$$

$$Ca^{2+} + UO_2^{2+} + 2PO_4^{3-} + nH_2O = Ca[(UO_2)(PO_4)]_2 \cdot nH_2O \tag{2.34}$$

2.5　本章小结

本节采用简单易行的液相还原法和共沉淀法分别制备出纳米Fe^0、Fe^0-HAP、Fe_3O_4和Fe_3O_4-HAP复合材料，考察HAP配比量、投加量、pH、初始浓度、反应时间、反应温度、共存离子等因素对复合材料除铀效率的影响；并通过BET、SEM、TEM、XRD、FTIR和XPS等一系列表征手段，揭示了复合材料的组分及微观结构以及吸附铀的机理。主要结论如下：

（1）复合材料中HAP和铁基与铀酰离子的相互作用，优于单纯HAP和Fe^0和Fe_3O_4对铀的吸附作用。通过BET表征结果分析可得出HAP、Fe^0、Fe^0-HAP、Fe_3O_4和Fe_3O_4-HAP五种材料的比表面积分别为30.98、41.65、72.77、71.69和79.53 $m^2 \cdot g^{-1}$。均以介孔（2 nm<d<50 nm）结构为主，能为改性和吸附过程提供优良的基体环境。复合后材料在相对压力较小的区域发生了介孔内的平均凝聚现象，孔道结构有序度降

低。并通过铀吸附实验从纳米 HAP、Fe^0、Fe^0-HAP、Fe_3O_4和纳米 Fe_3O_4-HAP 中筛选出活性、比表面积大，去除铀性能更好的 Fe^0-HAP 复合材料。

（2）通过 SEM 和 TEM 表征可得出 Fe^0-HAP 复合材料保持了 HAP 的晶体形貌，颗粒呈现球形，表面不光滑，呈现出粗糙的多孔表面和松散的结构，Fe^0颗粒堆积在 HAP 的表面和孔隙里。XRD 典型衍射峰 44.67°证实了 α-Fe^0的 110 面，表明 Fe^0成功复合在 HAP 上。Fe^0-HAP 复合材料晶粒尺寸大小为 8.97 nm。

（3）溶液在 25 ℃时，pH 为 4.0，投加量 0.020 g，初始铀浓度为 40 mg·L^{-1}，反应 150 min，Fe^0-HAP 复合材料吸附容量可达 155.775 mg·g^{-1}。共存的 Mn^{2+}、CO_3^{2-}与铀有一定的竞争吸附作用，Mn^{2+}对除铀效果影响较小，CO_3^{2-}影响较大。

（4）准二级动力学模型和 Elovich 适合于描述 Fe^0-HAP 对铀的吸附过程，说明其吸附机理主要为化学吸附，复合材料表面是能量异质的，吸附动力学可通过膜扩散和颗粒内扩散同时控制。复合材料对铀的吸附等温线符合 Langmuir 模型，说明 Fe^0-HAP 复合材料吸附铀更趋近于均匀的单层吸附，其表面物理吸附和化学吸附共同影响铀的吸附过程。通过吸附前后的 XPS 和 FTIR 光谱等表征可以推导出 Fe^0-HAP 复合材料去除铀的机理主要是基于吸附、离子交换、还原沉淀和溶解沉淀作用。在吸附过程中形成的沉淀物可能是钙铀云母（Ca $[UO_2PO_4]_2$·$6H_2O$）或水钠钙铀矿（Na_2Ca（UO_2）（—CO_3）$_3$·$6H_2O$）。

参考文献：

[1] 陈海军，黄舒怡，张志宾，等. 功能性纳米零价铁的构筑及其对环境放射性核素铀的富集应用研究进展 [J]. 化学学报，2017，75：560-574.

[2] Liu T，Yang X，Wang Z L，et al. Enhanced chitosan beads-supported Fe^0-nanoparticles for removal of heavy metals from electroplating wastewater in permeable reactive barriers [J]. Water Research，2013，47：6691-6700.

[3] 刘菲，陈亮，王广才，等. 地下水渗透反应格栅技术发展综述 [J]. 地球科学进展，2015，30（8）：863-877.

[4] 方巧，林建伟，詹艳慧，等. 羟基磷灰石－四氧化三铁－沸石复合材料制备及去除水中刚果红研究 [J]. 环境科学，2014（8）：2992-3001.

[5] 胡家朋. 羟基磷灰石复合改性材料的制备及其除氟性能研究 [D]. 南昌大学，2016.

[6] Wang X X，Yu S Q，Wu Y H，et al. The synergistic elimination of uranium（Ⅵ）species from aqueous solution using bi-functional nanocomposite of carbon sphere and layered double hydroxide [J]. Chem Eng J，2018，342：321-330.

[7] Yang T R. Adsorbents：Fundamentals and Applications [M]. John Wiley & Sons Inc，Canada，2003.

[8] Sing K S W. Reporting physisorption data for gas/solid systems with special

reference to the determination of surface area and porosity [J]. Pure and Applied Chemistry，1985，57（4）：603-619.

[9] 杨通在，罗顺忠，许云书. 氮吸附法表征多孔材料的孔结构 [J]. 炭素，2006，1：78-82.

[10] 肖益鸿，李桂平，郑瑛. $ZrO_2-Al_2O_3$复合氧化物的合成及其性能研究 [J]. 无机化学学报，2010，1：61-66.

[11] Akram M，Alshemary A Z，Goh Y F，et al. Continuous microwave flow synthesit of mesoporous hydroxyapatite [J]. Mater Sci Eng CMater Biol Appl，2015，56：356-362.

[12] Bajpai A K，Bundela H. Development of poly（acrylamide）-hydroxyapatite composites as bone substitutes：Study of mechanical and blood compatible behavior [J]. Polym Compos，2009，30：1532-1543.

[13] Liu Q，Bei Y，Zhou F. Removal of lead（Ⅱ）from aqueous solution with amino-functionalized nanoscale zero-valent iron [J]. Cent. Eur. J. Chem.，2009，7（1）：79-82.

[14] Sudip M，Biswanath M，Apurba D，et al. Studies on processing and characterization of hydroxyapatite biomaterials from different biowastes [J]. J Miner Mater Charact Eng，2012，11：55-67.

[15] Chen B，Wang J，Kong L，et al. Adsorption of uranium from uranium mine contaminated water using phosphate rock apatite（PRA）：Isotherm，kinetic and characterization studies [J]. Colloids and Surfaces A：Physicochemical and Engineering Aspects，2017，520：612-621.

[16] Hammami K，El-Feki H，Marsan O，et al. Adsorption of nucleotides on biomimetic apatite：The case of adenosine 5′ triphosphate（ATP）[J]. Applied Surface Science，2016，360：979-988.

[17] Li F B，Li X Y，Cui P. Detoxification of U（Ⅵ）by Paecilomyces catenlannulatus investigated by batch，XANES and EXAFS techniques [J]. J Environ Radioact，2018，189：24-30.

[18] Sudip M，Giang H，Panchanathan M，et al. Nano-hydroxyapatite bioactive glass composite scaffold with enhanced mechanical and biological performance for tissue engineering application [J]. Ceram Int，2018，44：15735-15746.

[19] Hyehyun K，Sudip M，Bian J，et al. Biomimetic synthesis of metal-hydroxyapatite（Au-HAp，Ag-HAp，Au-Ag-HAp）：Structural analysis，spectroscopic characterization and biomedical Application [J]. CeramInt，2018，44：20490-20500.

[20] Hae-Won K，Li L H，Koh Y H，et al. Sol-gel preparation and properties of fluoride-substituted hydroxyapatite powders [J]. J Am Ceram Soc，2004，87：1939-1944.

[21] Hu B W, Mei X, Li X, et al. Decontamination of U（Ⅵ）from nZVI/CNF composites investigated by batch, spectroscopic and modeling techniques [J]. J MolLiq, 2017, 237: 1-9.

[22] Cantrell K J, Kaplan D I, Wietsma T W. Zero-valent iron for the in situ remediation of selected metals in groundwater [J]. Journal of Hazardous Materials, 1995, 42 (2): 201-212.

[23] Ding C C, Cheng W C, Sun Y B, et al. Effects of Bacillus subtilis on the reduction of U（Ⅵ）by nano-Fe^0 [J]. Geochim Cosmochim Acta, 2015, 165: 86-107.

[24] Grosvenor A P, Kobel B A, Biesinger M C, et al. Investigation of multiplet splitting of Fe 2p XPS spectra and bonding in iron compounds [J]. Surface and Interface Analysis, 2004, 36 (12): 1564-1574.

[25] Xiao J A, Gao B Y, Yue Q Y, et al. Removal of trihalomethanes from reclaimed-water by original and modified nanoscale zero-valent iron: characterization, kinetics and mechanism [J]. Chem Eng J, 2015, 262: 1226-1236.

[26] Wu Y W, Yue Q Y, Ren Z F, et al. Immobilization of nanoscale zero- valent iron particles（nZVI）with synthesized activated carbon for the adsorption and degradation of Chloramphenicol (CAP) [J]. J MolLiq, 2018, 262: 19-28.

[27] Qian L P, Ma M H, Cheng D H. Adsorption and desorption of uranium on nano goethite and nano alumina [J]. J Radioanal Nucl Chem, 2015, 303: 161-170.

[28] Li X L, Wu J J, Liao J L, et al. Adsorption and desorption of uranium（Ⅵ）in aerated zone soil [J]. J Environ Radioact, 2013, 115: 143-150.

[29] Ahmed M D, Asem A A, Ewais M M, et al. Removal of uranium（Ⅵ）from aqueous solutions using glycidyl methacrylate chelating resins [J]. Hydrometallurgy, 2009, 95: 183-189.

[30] Tan X L, Fang M, Tan LQ, et al. Core-shell hierarchical C@$Na_2Ti_3O_7 \cdot 9H_2O$ nanostructures for the efficient removal of radionuclides [J]. Environ Sci Nano, 2018, 5: 1140-1149.

[31] 张晓峰，陈迪云，涂国清，等. 羟基磷灰石与天然磷灰石去除铀的效果和机理研究 [J]. 原子能科学技术，2014，48 (10)：56-59.

[32] 李小燕，刘义保，张明，等. 纳米零价铁去除溶液中 U（Ⅵ）的还原动力学研究 [J]. 原子能科学技术，2014，48 (1)：7-13.

[33] Zeng Hua, Lu Long, Gong Zhiheng, et al. Nanoscale Composites of Hydroxyapatite Coated by Zero Valent Iron: Preparation, Characterization and Uranium Removal [J]. Journal of Radioanalytical & Nuclear Chemistry, 2019, 320 (1): 165-177.

[34] 刘军，张志宾，陈金和，等. 钙—铀—碳酸络合物对红土吸附铀性能的影响 [J]. 原子能科学技术，2015，49 (8)：1356-1365.

[35] Liu J，Zhao C S，Zhang Z B，et al. Fluorine effects on U（Ⅵ）sorption by hydroxyapatite [J]. ChemEng J，2016，288：505-515.

[36] 张春艳，占凌之，华恩祥，等. 某铀尾矿库周边地下水的水化学特征分析 [J]. 环境化学，2015，34（11）：2103-2108.

[37] 邵小宇. 改姓粘土负载纳米铁处理废水中重金属污染物 [D]. 宁波大学，2017.

[38] EPA. Maximum contaminant levels for radionuclides [EB/OL]. United States EnvironmentalProtection Agency，2011：http://www.law.cornell.edu/cfr/text/40/141.66.

[39] 曾华，卢龙，郭亚丹，等. 羟基磷灰石—铁基复合材料去除铀的效果和机理研究 [J]. 有色金属工程，2018，8（6）：21-26.

[40] 邓冰，刘宁，王和义，等. 铀的毒性研究进展 [J]. 中国辐射卫生，2010，19（1）：113-116.

[41] 高芳，张卫民，郭亚丹，等. 羟基磷灰石负载纳米零价铁去除水溶液中铀（Ⅵ）的研究 [J]. 中国陶瓷，2015，51（8）：10-15.

[42] 李乐乐，张卫民. 渗透反应墙技术处理铀尾矿库渗漏水的研究现状 [J]. 环境工程，2016，31（3）：168-172.

[43] USEPA. Permeable Reactive Barrier Technologies for Contaminant Remediation [R]. 1998，EPA/600/R-98/125.

[44] R Thiruvenkatachari，S Vigneswaran，R Naidu. Permeable reactive barrier for groundwater remediation [J]. J Ind Eng Chem，2008，14：145-156.

[45] 曾婧滢，秦迪岚，毕军平，等. 天然矿物组合材料渗透反应墙修复地下水镉污染 [J]. 环境工程学报，2014，8（6）：2435-2442.

[46] Catherine S，Bartona，Douglas I，et al. Performance of three resin-based materials for treating uranium-contaminated groundwater within a PRB [J]. Journal of Hazardous Materials，2004，B116：191-204.

[47] Zhou D，Li Y，Zhang YB，et al. Column test-based optimization of the permeable reactive barrier（PRB）technique for remediating groundwater contaminated by landfill leachates [J]. J Contam Hydrol，2014，168：1-6.

[48] 魏广芝，徐乐昌. 低浓度含铀废水的处理技术及其研究进展 [J]. 铀矿冶，2007，26（2）：90-95.

[49] 杨朝文，王本仪，丁桐森，等. 氯化钡—循环污渣—分步中和法处理七——矿酸性矿坑水 [J]. 铀矿冶，1994，13（3）：172-179.

[50] Kalin M，Wheeler W N，Meinrath G. The removal of uranium from mining waste water using algal/microbial biomass [J]. Journal of Environmental Radioactivity，2004，78（2）：151-177.

[51] 马腾，王焰新，郝振纯. 粘土对地下水中的吸附作用及其污染控制研究 [J]. 华东地

质学院学报，2001（3）：181-185.
[52] 苑士超，谢水波，李仕友，等. 厌氧活性污泥处理废水中的U（Ⅵ）[J]. 环境工程学报，2013，7（6）：2081-2086.
[53] 李松南. 以蛋壳为原料制备多种吸附材料及其铀吸附性能研究 [D]. 哈尔滨工程大学，2013.
[54] Gillham R W，O'hannesin S F. Metal-Catalyzed abiotic degradation of halogenated organic compounds [C]. Hamilton：IAH Conference on Modern Trends in Hydrogeology，1992：94-103.
[55] Stepanka K，Miroslav C，Lenka L，et al. Zero-valent iron nanoparticles in treatment of acid mine water from in situ uranium leaching [J]. Chemosphere，2011，82：1178-1184.
[56] 王萌，陈世宝，李娜，等. 纳米材料在污染土壤修复及污水净化中应用前景探讨 [J]. 中国生态农业学报，2010，18（2）：434-439.
[57] 史德强. 纳米零价铁及改性纳米零价铁对砷离子的去除研究 [D]. 云南大学，2016.
[58] Bae S，Gim S，Kim H，et al. Effect of $NaBH_4$ on properties of nanoscale zero-valent iron and its catalytic activity for reduction of p-nitrophenol [J]. Applied Catalysis B：Environmental，2016，182：541.
[59] Hass V，Birringer R，Gleiter H. Prepation and Characterisation of Compacts from Nanostructred Power Produced in an Aerosol Flow Condenser [J]. Materials Science and Engineering，1998，246（1-2）：86-92.
[60] Gyanendra R，Buddhima I，Long D N. Long-term Performance of a PermeableReactive Barrier in Acid Sulphate Soil Terrain [J]. Water，Air，Soil Pollut，2009，9：409.
[61] Luo P，Bailey E H，Mooney，S J. Quantification of changes in zero valent iron morphology using X-ray computed tomography [J]. Journal of Environmental Sciences，2013，25：2344-2351.
[62] Liu T，Yang X，Wang Z L，et al. Enhanced chitosan beads-supported nanoparticles for removal of heavy metals from electroplating wastewater in permeable reactive barriers [J]. Water Research，2013，47：6691-670.
[63] David L. Naftz，Stan J. Morrison，James. Davis，et al. Groundwater Remediation Using Permeable Reactive Barriers [M]. Elsevier Science（USA），2002.
[64] 李娜娜，朱育成. PRB技术在铀矿探采工程坑道涌水治理中的应用研究 [C]. 中国核学会2011年年会，贵阳，2011.
[65] Bilardi S，Calabrò P S，Caré S，et al. Improving the sustainability of granular iron/pumice systems for water treatment [J]. Journal of Environmental Management，2013，121：133-141.
[66] 朱脉勇，陈齐，童文杰，等. 四氧化三铁纳米材料的制备与应用 [J]. 化学进展，

2017，29（11）：1366-1394.

[67] 张春晗. 磁性羟基磷灰石复合材料的制备及其吸附性能研究［D］. 沈阳大学，2017.

[68] 吴鹏，王云，胡学文，等. 四氧化三铁/氧化石墨烯纳米带复合材料对铀的吸附性能［J］. 原子能科学技术，2018，52（9）：1561-1568.

[69] Wang B，Sun Y，Wang H P. Preparation and properties of electrospun PAN/Fe_3O_4 Magnetic nanofibers［J］. J. Appl. Polym. Sci.，2010，115（3）：1781-1786.

[70] Ding C C，Cheng W C，Sun Y B，et al. Novel fungus-Fe_3O_4 bio-nanocomposites as high performance adsorbents for the removal of radionuclides［J］. J. Hazard. Mater.，2015，295：127.

[71] 许真，何江涛，马文洁，等. 地下水污染指标分类综合评价方法研究［J］. 安全与环境学报，2016，16（1）：342-347.

[72] 张世贫，尹红，丁义超. 铁基复合材料的研究进展［J］. 热加工工艺，2011，40（18）：95-97.

[73] Hoch L B，Mack E J，Hydutsky B W，et al. Carbothermal synthesis of carbon-supported nanoscale zero-valent iron particles for the remediation of hexavalent chromium［J］. Environmental Science and Technology，2008，42：2600-2605.

第 3 章

Mg/Fe-LDH@*n*HAP 复合材料的制备及其去除 U（Ⅵ）的研究

3.1 引言

近年来，一些研究表明磷元素对铀在自然环境中的迁移转化中起着重要作用[1]。磷酸盐的存在可以通过矿化和沉淀机制影响 U（Ⅵ）与矿物的相互作用。结合路易斯酸碱理论，铀酰离子易与含磷或硫的一些含氧负离子发生络合和配位作用[2]。以往的研究表明，U（Ⅵ）可以被磷酸盐矿物和一些改性的磷灰石有效吸附。Chattanathan 等[3]用鲶鱼骨头制备出羟基磷灰石，并将其用于可渗透反应屏障中，以修复 U（Ⅵ）污染的地下水羽流系统。Su 等[4]制备了多孔羟基磷灰石作为去除铀酰离子的高效吸附剂，其高 U（Ⅵ）吸收容量为 111.4 mg · g^{-1}。然而，块状且团聚的磷灰石由于比表面积小，其吸附能力不够理想。此外，一些研究发现，一些黏土基质可以促进 U（Ⅵ）和磷酸盐矿物的反应[5]。层状双金属氢氧化物（LDHs）其具有独特的二维层状结构、高比表面积和离子交换性能，已被用作吸附剂来去除各种污染物，例如重金属离子、阴离子污染物、抗生素和染料等。LDHs 的通式为 $[M_x^{2+}M_{1-x}^{3+}(OH)_2]^{x+}$ $[A_{x/m}^{m-} \cdot nH_2O]^{x-}$，其中 M^{2+} 和 M^{3+} 为二价和三价金属，A^{m-} 为层间阴离子，x 为 $M^{3+}/(M^{2+}+M^{3+})$ 比值[6]。近年来，一些研究者报道了 LDHs 及其衍生物在铀吸附中的应用。例如，Zhong 等[7]制备 NiAl-LDH/聚吡咯吸附模拟海水中 U（Ⅵ）的研究。Wang 等[8]采用共沉淀法制备了 L-半胱氨酸插层 Mg/Al-LDH 用于吸附 U（Ⅵ），其容量达到 211.58 mg · g^{-1}。由于表面诱导沉淀作用和强离子交换作用，LDH 被认为是修复放射性废水的有效载体材料。然而，由于表面官能团的缺乏，LDHs 对于特定污染物的吸附性能可能受到限制。

基于上述，我们尝试将羟基磷灰石（HAP）引入到 Mg/Fe 层状双金属氢氧化物（Mg/Fe LDH）的吸附体系中，结合 HAP 和 LDH 的主要优点，采用超声波辅助合成的方式，制备 Mg/Fe 层状双金属氢氧化物@羟基磷灰石（LDHs@*n*HAP）复合材料，从而得到高效的铀吸附剂。本章节研究了该复合材料在不同的环境条件（pH、温度、反应时间、初始浓度和共存离子）对 U（Ⅵ）的吸附行为，采用了现代表征技术（SEM、TEM、BET、Zeta、XRD、FT-IR 和 XPS）评价 U（Ⅵ）和复合材料的相互作

用机理，并对 LDHs@nHAP 材料的环境应用性（重复利用性、稳定性、再生性能和选择性）进行评价。

3.2 Mg/Fe-LDH@nHAP 复合材料的制备与表征

3.2.1 材料制备

（1）羟基磷灰石的制备

将 0.01 mol 四水合硝酸钙和 0.006 mol 磷酸氢二铵分别溶于 50 mL 蒸馏水中，得到硝酸钙溶液和磷酸氢二铵溶液，用 1∶1 氨水调节磷酸氢二铵溶液 pH 为 10 至 10.5，随后将硝酸钙溶液缓慢地将入上述混合液中，持续搅拌 1 h，期间保持溶液 pH 稳定为 10 至 10.5，搅拌结束后，溶液静置陈化 24 h，随后在 6000 r/min 转速下进行离心分离。得到的乳白色固体用蒸馏水和无水乙醇反复清洗 3 次，最后在 60 ℃真空干燥下得到白色粉末，即羟基磷灰石材料（HAP），制备流程图如图 3.1 所示。

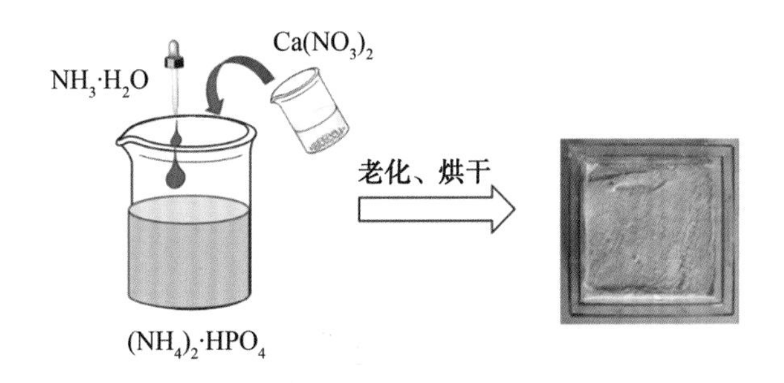

图 3.1 羟基磷灰石的制备流程图

（2）Fe/Mg LDHs 的制备

将 0.001 mol 的 $Fe(NO_3)_3 \cdot 9H_2O$ 和 0.003 mol 的 $Mg(NO_3)_2 \cdot 6H_2O$ 完全溶于 120 mL 的蒸馏水中，得到铁镁混合金属盐溶液。充分溶解后，用含有 0.1 mol 碳酸钠和 0.3 mol 氢氧化钠的混合碱溶液调节溶液 pH 为 10，持续搅拌 2 h。将混合溶液转移至聚四氟乙烯反应釜中，在 80 ℃水热陈化 8 h。反应完成后，在 3000 r/min 转速下进行离心分离。得到黄褐色固体用蒸馏水和无水乙醇交替清洗 3 次，最后在 60 ℃真空干燥下得到黄褐色粉末，即镁铁层状双金属氢氧化物材料（Fe/Mg LDHs），制备流程图如图 3.2 所示。

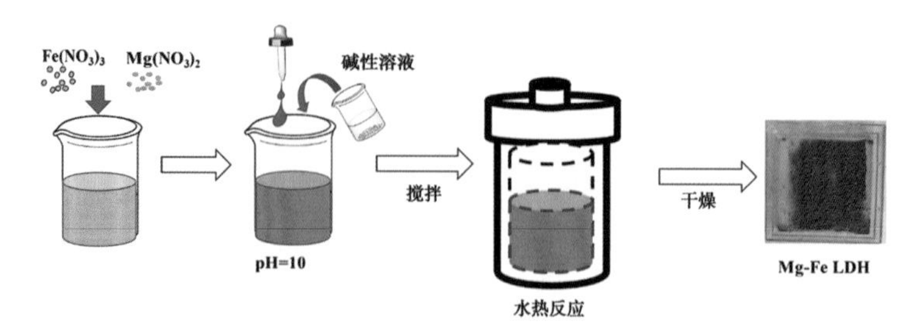

图 3.2 Fe/Mg LDHs 的制备流程图

(3) Fe/Mg LDHs@羟基磷灰石复合材料的制备

分别采用用水热合成、液相沉积、超声辅助 3 种方法，进行镁铁双金属氢氧化物@羟基磷灰石复合材料的制备，分别标记为 LDHs@nHAP-H（水热合成）、LDHs@nHAP-D（液相沉积）和 LDHs@nHAP-U（超声辅助），制备流程如图 3.3 所示。其中，LDHs@nHAP-H 的合成过程（图 3.3 A）与镁铁层状双金属氢氧化物类似，只是在转移至反应釜水热合成之前的起始溶液中加入了适量羟基磷灰石材料；LDHs@nHAP-D 的合成过程（图 3.3 B）与羟基磷灰石类似，只是在硝酸钙加入之前（即钙盐发生沉积之前），预先在磷酸氢二胺溶液中加入并混匀适量镁铁层状双金属氢氧化物材料。此外，LDHs@nHAP-U 的合成步骤（图 3.3 C）如下：将预先制备好的质量比为 1∶（0.5～3）的羟基磷灰石和层状双金属氢氧化物材料加入去离子水中，得到混合悬浮液。所得悬浮液在超声波（50～60 kHz，1.0 W/cm^{-2}）和磁力搅拌（转速在 500 r/min）下反应 30 min。将超声浴温度保持在 50 ℃，离心分离、清洗、干燥得到镁铁双金属氢氧化物@羟基磷灰石（LDHs@nHAP-U）复合材料。

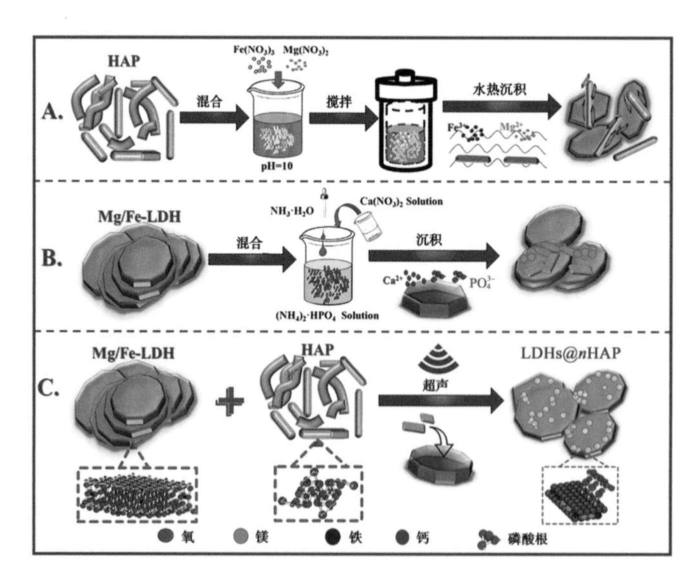

图 3.3 不同方法合成双金属氢氧化物@羟基磷灰石复合材料的示意图

（A. 水热法；B. 沉积法；C. 超声辅助法）

3.2.2 表征与测试方法

(1) FT-IR 和 XRD 表征

对材料单体 LDH 和 HAP 以及复合材料 LDHs@nHAP 进行了晶型结构变化分析，其中 LDH、HAP、LDHs@nHAP-H、LDHs@nHAP-D 和 LDHs@nHAP-U 的 XRD 图谱如图 3.4 所示。对于 LDH 的 XRD 图谱，在 2θ 约为 11.1°、22.4°、33.8°和 38.2°处的特征衍射峰分别对应于典型的水滑石结构峰位（003），（006），（009）和（015）等，与文献中的 $Mg_6Fe(CO_3)(OH)_{13}\cdot 4(H_2O)$（PDF No. 15-0365）可以很好地匹配。对于 HAP 的 XRD 图谱，所有特征衍射峰例如（002），（211），（300）和（202）等，都可归为具有 P63/M 空间群结构的 $Ca_5(PO_4)_3(OH)$（PDF No. 09-0432），图谱中没有观测到诸如氢氧化钙或氧化钙等杂质的特征反射峰。如预料的是，LDHs@nHAP-H、LDHs@nHAP-D 和 LDHs@nHAP-U 复合材料的 XRD 图谱均具有 LDH 和 HAP 的特征峰，表明成功合成了 LDHs@nHAP 复合材料。对于 LDHs@nHAP-D 的 XRD 图谱，由于 HAP 的致密沉积和团聚，使（003），（006）的特征衍射峰变弱，而（211），（300）的特征衍射峰变得宽且不尖锐。此外，LDHs@nHAP-H 和 LDHs@nHAP-U 的衍射峰（003），（006），（009）略有下移，表明材料晶面间距增大[9]。根据 Bragg 方程（$2d\sin\theta = n\lambda$）可以计算合成复合材料 LDHs@nHAP-U 的晶面间距（d），计算得到的值分别为（006）晶面 0.23 nm 和（211）晶面 0.28 nm。

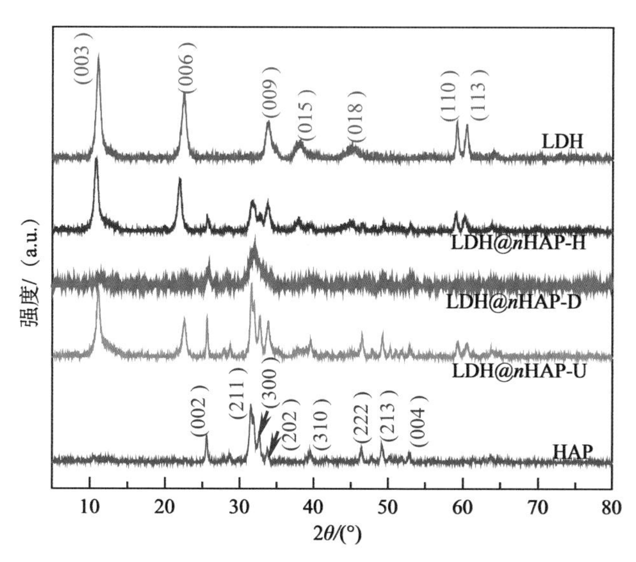

图 3.4 LDH、LDHs@nHAP-H（水热合成）、LDHs@nHAP-D（液相沉积）、LDHs@nHAP-U（超声辅助）和 HAP 的 XRD 图谱

材料的官能团类型一般利用傅立叶红外光谱技术表征技术来分析，HAP、LDH、LDHs@*n*HAP-H、LDHs@*n*HAP-D 和 LDHs@*n*HAP-U 的 FT-IR 光谱如图 3.5 所示。对于 LDH，LDHs@*n*HAP-H，LDHs@*n*HAP-D 和 LDHs@*n*HAP-U 复合材料的红外光谱，在约 1358 cm^{-1}附近的一系列的典型特征峰与 LDHs 夹层间的 CO_3^{2-} 振动相关，而在 589 cm^{-1}处共同存在的特征峰则对应于 M—O 弯曲或 M—OH 晶格振动（其中 M 为金属：Mg 或 Fe）。对于含有羟基磷灰石的吸附剂 HAP、LDHs@*n*HAP-H、LDHs@*n*HAP-D 和 LDHs@*n*HAP-U，这些材料的红外图谱中具有 PO_4^{3-} 四面体基团的不同振动类型分别对应于 550～1100 cm^{-1}范围内的几个特征峰，例如 960 cm^{-1}（为 ν2 O—P—O 弯曲振动）、1038 cm^{-1}（为 ν3 P—O 拉伸振动）和 565 cm^{-1}（为 ν4 O—P—O 弯曲振动）[10]。这些数据证实了复合材料中存在为数众多的羟基 M—OH 和磷酸基团，并且表明 HAP 成功地负载于 LDH 上。有趣的是，比较 HAP、LDH、LDHs@*n*HAP-H、LDHs@*n*HAP-D 和 LDHs@*n*HAP-U 的红外光谱，特别是超声辅助合成的 LDHs@*n*HAP，如内部羟基基团的拉伸振动（3300～3500 cm^{-1}范围），以及外部羟基基团位于（3700～3800 cm^{-1}），羟基基团的拉伸区间朝着较高波数移动，表明一些内部羟基基团被外部羟基基团和其他基团取代[11]。类似于磷酸基团的引入和羟基的变化将有利于材料对水溶液中铀的吸附作用。

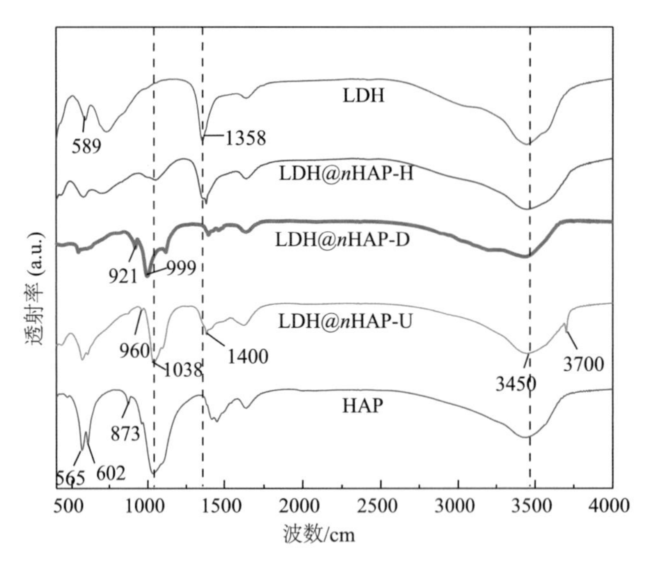

图 3.5　LDH、LDHs@*n*HAP-H、LDHs@*n*HAP-D、LDHs@*n*HAP-U 和 HAP 的 FT-IR 图谱

（2）SEM 表征

采用 SEM 和 TEM 技术对合成材料的形貌特征和微观结构进行表征。该研究所制备的 LDH［图 3.6（a）］呈典型的层状水滑石结构，具有规则的纳米片或盘形态，这些纳米片或盘堆叠或交错在一起，其表面光滑，平均半径约 30～100 nm，这些层状结构有利于表面位点的暴露，并有利于磷酸根诱导沉淀作用的发生[12]。

对于不同方式制备的复合材料，可以发现LDHs@nHAP-H［图3.6（b）］的表面变得粗糙，LDH在HAP颗粒环境下的原位生成，改变了LDH其原有的有序层状结构，导致LDHs@nHAP-H的颗粒分布不规则，部分LDH的负载量不均匀。LDHs@nHAP-D［图3.6（c）］呈现出HAP纳米颗粒的严重团聚，这可能是由于采用共沉淀法导致的结果，HAP的不均匀沉积可能对材料的比表面积和吸附位点造成不利影响。值得注意的是，LDHs@nHAP-U［图3.6（d）］显示出更有序的层次结构，由规则的层状结构组成，且这些层状材料上均匀地负载着HAP纳米颗粒，这可能是因为超声波产生的微气泡和空化效应导致LDHs@nHAP-U的具有良好分散性，使负载的HAP更均匀且不易团聚，使复合材料形貌更规则整齐[13]。

从LDHS@nHAP-U的HRTEM图像中［图3.6（e）、图3.6（f）］可以观察到了与HAP（211）和LDH（006）晶面相对应的特征晶格条纹的存在，证明了复合材料LDHS@nHAP-U的成功制备，同时也与XRD所得到的结果一致。

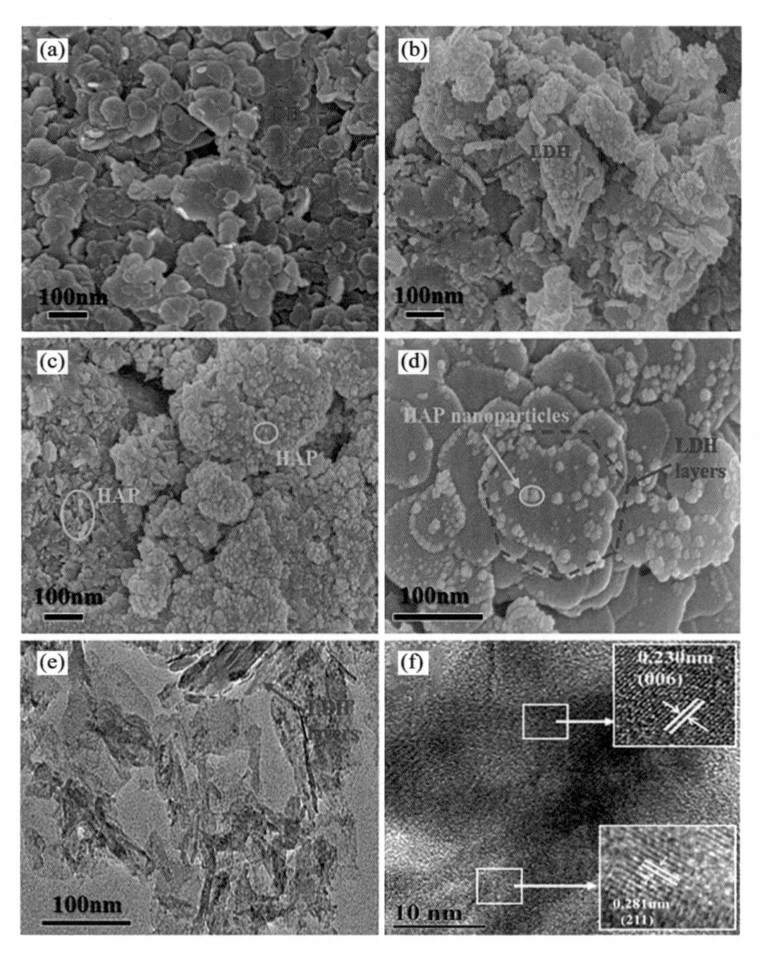

图3.6 （a）LDH、（b）LDHs@nHAP-H、（c）LDHs@nHAP-D、（d）LDHs@nHAP-U的SEM照片和（e、f）LDHs@nHAP-U的TEM照片

(3) XPS表征

用XPS分析了LDH、HAP和LDHs@nHAP-H、LDHs@nHAP-D和LDHs@nHAP-U表面的元素电子态和结合形式。样品的总谱［图3.7（a）］展示了各个材料的元素组成，其中Mg、Fe、O为LDH的主要组成元素，Ca、P、O为HAP的主要组成元素，而复合材料中Mg、Fe、Ca、C、O和P元素的共同存在。为进一步解释官能团的分布，P 2p的高分辨率图谱［图3.7（b）］可以被分为3个区域，分别可对应于—PO_3（132.8 eV）、P—O—P（133.4 eV）和P—O—M（134.0 eV）[14]。复合材料的O 1s图谱［图3.7（c）］可以划分为3种类型，包括阴离子的氧（530.8 eV，O^{2-}）、与金属键合的羟基（531.3 eV，M—OH）以及结合水H_2O（532.5 eV）。Ca 2p的高分辨率图谱［图3.7（f）］可以在大约347.4 eV和350.9 eV处呈现两个特征峰，分别对应于Ca $2p_{3/2}$和Ca $2p_{1/2}$（Ca—O）。与LDH和HAP材料单体相比，LDHs@nHAP-H、LDHs@nHAP-D和LDHs@nHAP-U复合材料中都出现了Ca 2p和P 2p的峰，并且LDHs@nHAP-H、LDHs@nHAP-U复合材料中Ca—O（350.9 eV）和P—O—M（134.0 eV）的峰面积和相对含量发生了明显的改变，表明复合材料的合成是成功的。值得注意的是，LDHs@nHAP-U中P—O—M和M—OH峰的面积比明显增加，而M—OH和P—O—M对铀酰离子的高亲和力有利于材料对U（Ⅵ）的吸附[15]。

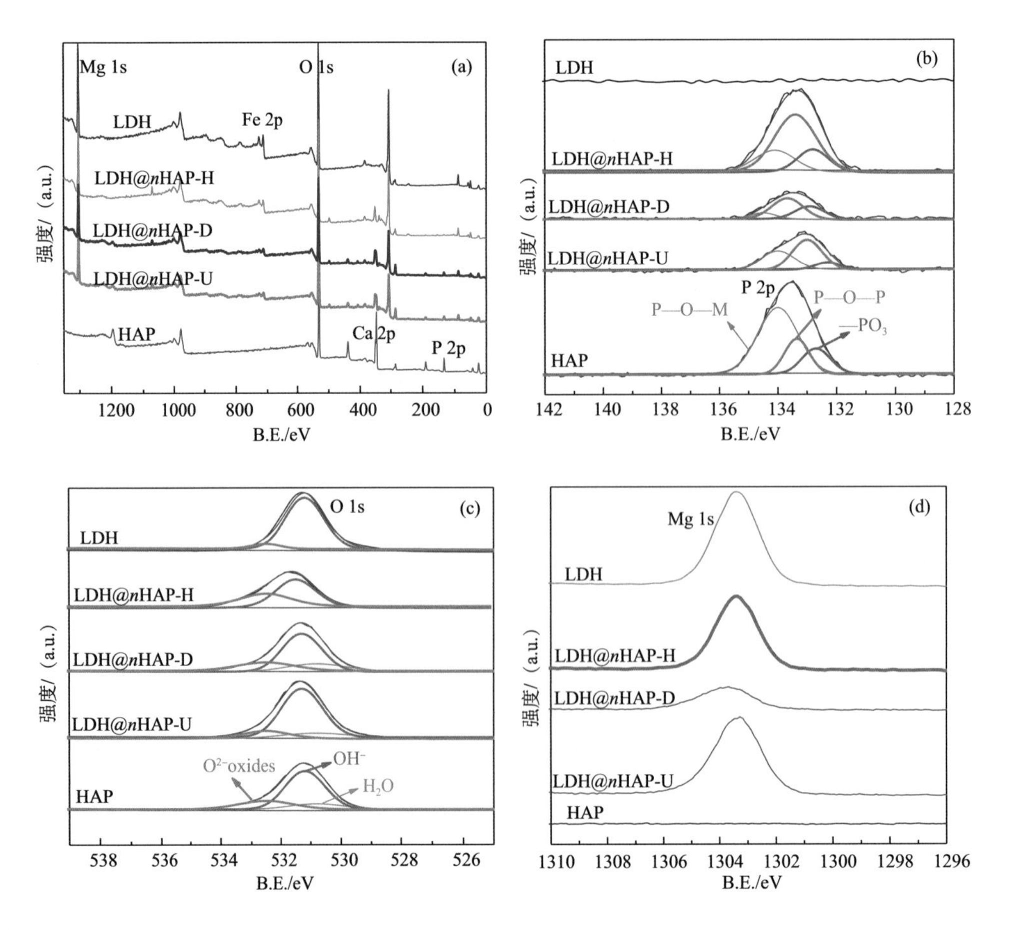

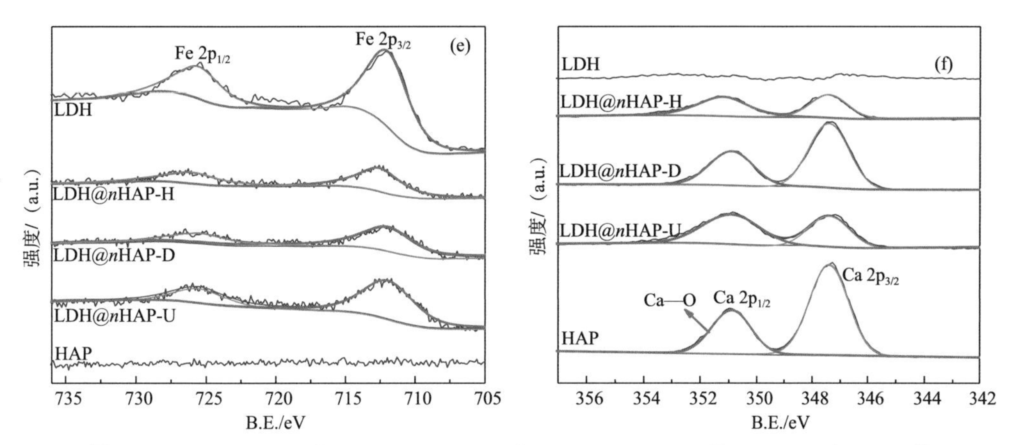

图 3.7　LDH、LDHs@nHAP-H、LDHs@nHAP-D、LDHs@nHAP-U 和 HAP 的（a）XPS 总谱、（b）P 2p XPS 图谱、（c）O 1s XPS 图谱、（d）Mg 1s XPS 图谱、（e）Fe 2p XPS 图谱和（f）Ca 2p XPS 图谱

（4）复合材料 BET 分析

LDH、HAP、LDHs@nHAP-H、LDHs@nHAP-D 和 LDHs@nHAP-U 的 N_2 吸附—脱附等温线如图 3.8 所示，对应的孔径分布图如对应内插图所示。通过对比图 3.8（a）和图 3.8（b）可以发现，HAP、LDHs@HAP-H 和 LDHs@HAP-D 的吸附等温线为Ⅱ型，其 N_2 吸附—脱附的回滞曲线为 H_{2b} 型，结果表明了 HAP、LDHs@HAP-H 和 LDHs@HAP-D 具有复杂无序的孔结构。而 LDH 和 LDHs@nHAP-U 的吸附等温线为Ⅱ型，但具有典型的 H_3 型回滞曲线。H_3 型的回滞曲线说明，材料通常含有扁而平的缝隙或楔形物，并表明该材料属于片状及介孔材料。有趣的是，LDHs@nHAP-U 的 BJH 孔径分布图呈现出从 2 nm 到 120 nm 的宽孔径范围，以介孔为主，且随孔径增加，其孔体积逐渐减小，说明 LDHs@nHAP-U 具有多孔层次结构。

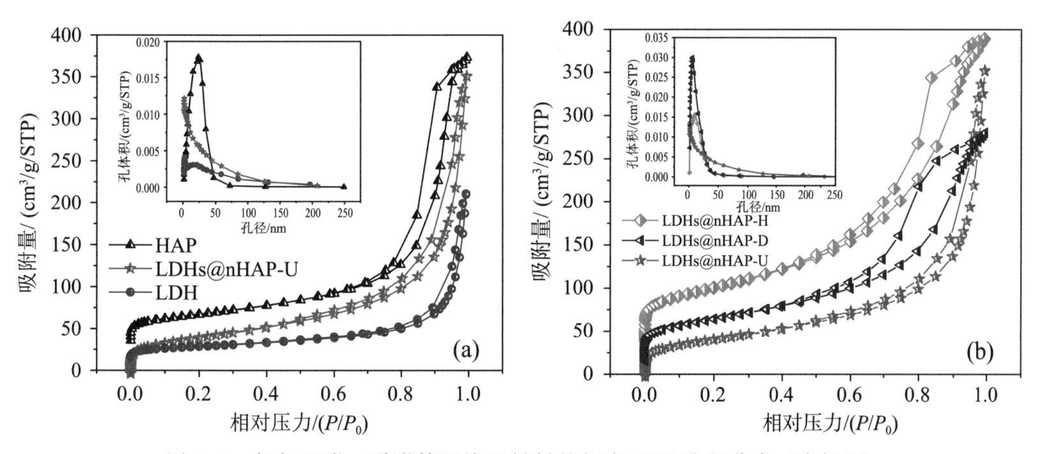

图 3.8　氮气吸附—脱附等温线和材料的相应 BJH 孔径分布（内插图）

LDH、HAP、LDHs@*n*HAP-H、LDHs@*n*HAP-D 和 LDHs@*n*HAP-U 复合材料的一些颗粒结构数据详见表 3.1。从表 3.1 可以看出，LDH 和 HAP 以及复合材料 LDHs@*n*HAP-H、LDHs@*n*HAP-D 和 LDHs@*n*HAP-U 的平均粒径并没有展现出较大的差异。LDH 形貌规整、表面光滑，具有较低的比表面积（55.894 3 $m^2 \cdot g^{-1}$），而复合材料 LDHs@*n*HAP-H、LDHs@*n*HAP-D 和 LDHs@*n*HAP-U 的比表面积均高于 LDH。对比孔径及孔体积数据可以发现，沉积法和水热法所制备的 LDHs@*n*HAP-H 和 LDHs@*n*HAP-D 材料孔体积较 LDH 有所增大，而平均孔径则变小，沉积和生成的 HAP 颗粒可能为复合材料增加了更多更不规则的孔结构。值得注意的是，LDHs@*n*HAP-U 具有最高的 N_2-BET 比表面积（231.4 $m^2 \cdot g^{-1}$）和孔容（0.545 $cm^3 \cdot g^{-1}$），远高于 LDH、HAP、LDHs@*n*HAP-H 和 LDHs@*n*HAP-D，这可能是由于纳米颗粒的层次多孔结构和超声增强的分散性，这导致了比表面积的增加。较高的比表面积及分级多孔结构，可提供更多的吸附活性位点，有利于对水溶液中 U（Ⅵ）的吸附和富集。

表 3.1　LDH、HAP、LDHs@*n*HAP-H、LDHs@*n*HAP-D 和 LDHs@*n*HAP-U 的颗粒结构数据表

样品名称	BET 比表面积/($m^2 \cdot g^{-1}$)	平均孔径/nm	总孔体积/($cm^3 \cdot g^{-1}$)	平均粒径/nm
LDH	55.894 3	24.76	0.305 157	37.345 4
HAP	131.715 9	16.67	0.530 608	45.552 6
LDHs@*n*HAP-H	177.805 8	9.86	0.411 172	33.744 7
LDHs@*n*HAP-D	157.904 6	9.41	0.544 808	35.934 0
LDHs@*n*HAP-U	231.406 1	26.98	0.552 161	37.997 6

3.3　吸附性能

3.3.1　材料吸附性能探讨

为了进行吸附性能的比较，研究测试了 U（Ⅵ）在 LDH、HAP、LDHs@*n*HAP-H、LDHs@*n*HAP-D 和 LDHs@*n*HAP-U 上的吸附量（图 3.9）。与 LDH、HAP、LDHs@*n*HAP-H 和 LDHs@*n*HAP-D 相比，LDHs@*n*HAP-U 对 U（Ⅵ）表现出最高的吸附性能。此外，LDHs@*n*HAP-U 具有较大比表面积的层次多孔结构，可以提供更多的

吸附位点，有利于U（Ⅵ）的吸附。超声波合成被认为是实现材料复合的理想策略之一，具有低成本、环境友好以及反应迅速等优点，可以制备分等级结构的复合材料并具有形成均匀纳米颗粒的能力[16]。在本书中，超声合成的LDHs@*n*HAP-U具有优异结构及性能，其可能的原因有：① 超声提供的空化作用以及大量的超声振动能量破坏了羟基磷灰石的团聚结构，形成了较小尺寸乃至纳米的羟基磷灰石。② 流体的快速运动和微小气泡增强了材料的分散性[15]。因此，在后续的试验过程中，选择晶体性能和吸附性能更好的LDHs@*n*HAP-U作为吸附剂研究对象。

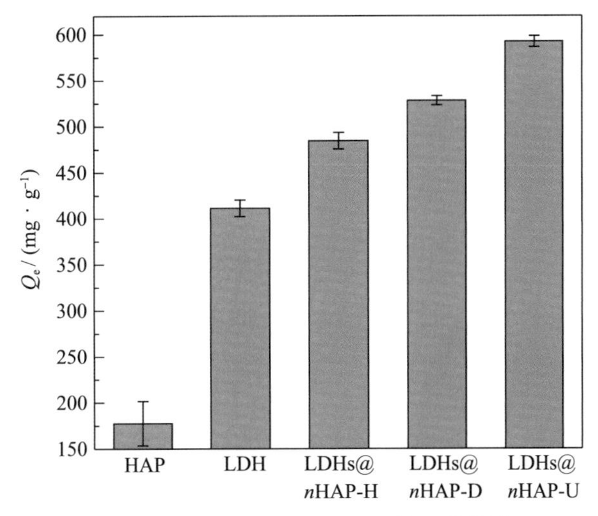

图3.9　不同样品对U（Ⅵ）的吸附效果

（C_0≈30 mg·L^{-1}，m/V=0.05 g·L^{-1}，pH=6.0，T=298 K，t=2 h）

为了进一步研究LDHs@*n*HAP-U的合成参数，本书对LDH和HAP复合比例对U（Ⅵ）吸附性能的影响进行了讨论（如图3.10所示）。制备的不同比例的复合材料对U（Ⅵ）的吸附能力依次为LDHs@*n*HAP-U（1∶1.5）＞LDHs@*n*HAP-U（1∶1）＞LDHs@*n*HAP-U（1∶3）＞LDHs@*n*HAP-U（1∶0.5）。在这一体系中，LDH和HAP作为载体和反应促进者，各有优缺点。HAP有利于铀的结合，但HAP过度取代LDH会降低吸附位点的数目。因此，LDH/HAP的最佳配比应为1∶1.5。

pH的变化不仅会影响溶液中U（Ⅵ）的形态分布，也会使吸附剂表面的带电荷情况发生变化，因此吸附体系的pH对重金属离子的去除起着至关重要的作用。U（Ⅵ）在不同pH下在LDHs@*n*HAP-U上吸附效果如图3.11（a）所示，结果表明在LDHs@*n*HAP-U复合材料在较宽的pH范围可以对U（Ⅵ）保持较高的吸附效率（4＜pH＜8），在pH=6时达到最大的吸附容量。在pH＜4时，LDHs@*n*HAP-U对U（Ⅵ）的吸附效率很低，其原因可能是pH＜4时吸附剂中某些羟基和磷酸基团会发生溶解或遭到破坏，而且，高浓度的H^+会导致表面基团（如M—OH）质子化，从而降低吸附效率[14]。

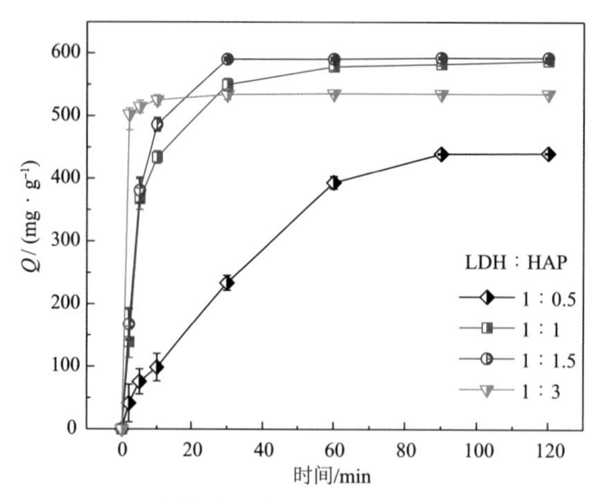

图 3.10 LDHs@nHAP-U 不同复合比例对吸附性能的影响（LDH ∶ HAP 为质量比）
（$C_0 \approx 30\ \mathrm{mg \cdot L^{-1}}$，$m/V = 0.05\ \mathrm{g \cdot L^{-1}}$，pH=6.0，$T = 298$ K，$t = 2$ h）

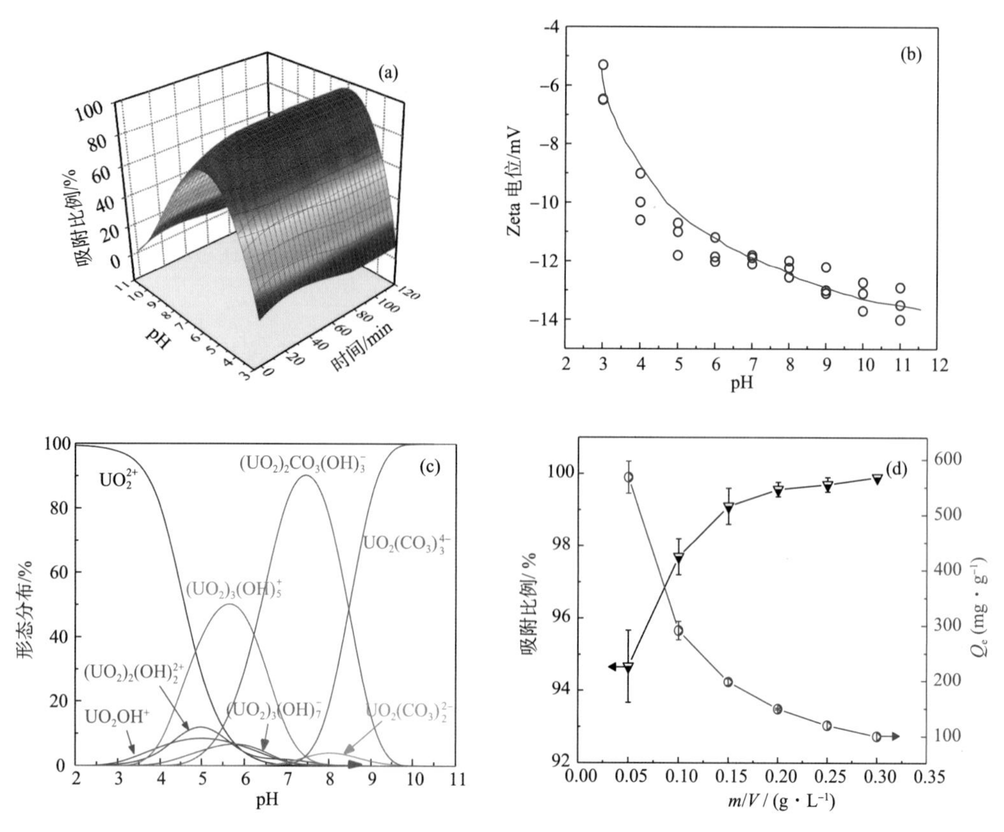

图 3.11 （a）不同 pH 对 LDHs@nHAP-U 吸附 U（Ⅵ）的影响；（b）不同 pH 对 LDHs@nHAP-U 表面 Zeta 电位的影响；（c）在开放环境大气压下 U（Ⅵ）为 30 $\mathrm{mg \cdot L^{-1}}$ 水溶液中 U（Ⅵ）在不同 pH 下的形态分布；（d）投加量对 LDHs@nHAP-U 吸附 U（Ⅵ）的影响
（$C_0 \approx 30\ \mathrm{mg \cdot L^{-1}}$，$m/V = 0.2\ \mathrm{g \cdot L^{-1}}$）

如图 3.11（b）所示，LDHs@nHAP-U 的表面 Zeta 电位在 pH 3～11 范围内为负值，且表面电位的绝对值随着溶液 pH 的增大而增大，即 pH 越高，该复合材料的表面电位就越负。通过图 3.11（c）可知，在 pH>8 时，U（Ⅵ）从带正电荷的 UO_2^{2+} 和 $(UO_2)_3(OH)^{5+}$ 转变为一系列带负电荷的形态，如 $UO_2(CO_3)_2^{2-}$ 和 $UO_2(CO_3)_3^{5-}$。所以当 pH>8 时，带负电的 U（Ⅵ）形态与带负电的吸附剂之间的静电相互作用会降低 LDHs@nHAP-U 对 U（Ⅵ）的吸附效率[17]。

图 3.11（d）展示了 LDHs@nHAP-U 投加量对 U（Ⅵ）吸附效率的影响。随着吸附剂用量的增加，U（Ⅵ）去除率逐渐提高。但过量投入吸附剂会使单位质量吸附剂的吸附量降低。当吸附剂投加量大于 0.2 g·L^{-1}时，对 U（Ⅵ）去除率达到 98%，随着吸附剂用量的进一步增加，吸附效率的变化并不明显。因此，LDHs@nHAP-U 复合材料吸附去除 U（Ⅵ）的最佳投加量应为 0.2 g·L^{-1}。

在原理分析及应用过程中，吸附剂对 U（Ⅵ）的吸附速率及动力学行为是重要的因素，其中，接触时间对于 LDHs@nHAP-U 吸附 U（Ⅵ）的影响如图 3.12 所示。可以发现，LDHs@nHAP-U 对于 U（Ⅵ）的吸附具有较快的吸附动力学，在 30 min 内即可达到吸附平衡。吸附动力模型可以反映固—液间复杂的化学吸附与脱附的平衡状态以及吸附速率的影响因子，从而推测材料对污染物的吸附机理，本书采用两种经典的模型（如准一级动力学模型和准二级动力学模型）来模拟 LDHs@nHAP-U 对于 U（Ⅵ）的吸附行为，其对应方程如下[18]：

准一级动力学模型：

$$Q_t = Q_e - Q_e e^{-K_1 t} \tag{3.1}$$

准二级动力学模型：

$$\frac{t}{Q_t} = \frac{1}{K_2 Q_e^2} + \frac{t}{Q_e} \tag{3.2}$$

式中：Q_t 为在不同反应时间节点上吸附 U（Ⅵ）的量，mg·g^{-1}；t 为时间，min；Q_e 为 LDHs@nHAP-U 上的平衡吸附量，mg·g^{-1}；K_1 为准一级反应动力学模型的吸附速率常数，min^{-1}；K_2 为准二级反应动力学模型的吸附速率常数，g·mg^{-1}·min^{-1}。

结合准一级和准二级反应动力学拟合曲线拟合曲线（图 3.12）以及相关系数（R^2）、拟合参数（表 3.2），结果显示，准二级反应动力学模型的 R^2（平均值 0.999）高于准一级反应动力学模型的 R^2（平均值 0.978），表明 LDHs@nHAP-U 对 U（Ⅵ）的主要吸附过程为化学吸附。

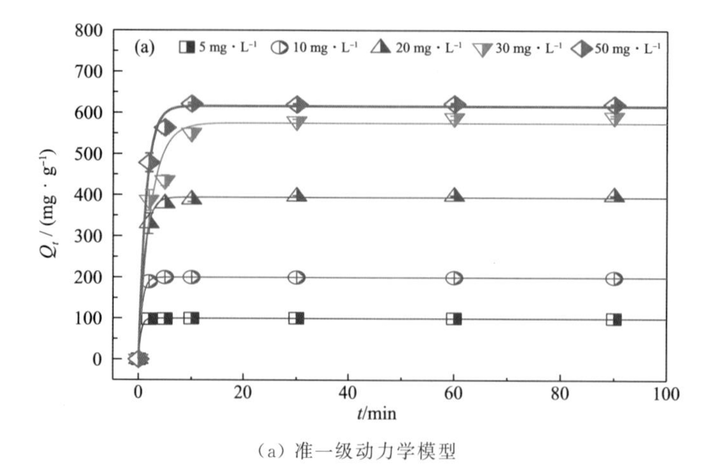

（a）准一级动力学模型

（b）准二级动力学模型

图 3.12　LDHs@nHAP-U 对 U（Ⅵ）的吸附动力学

（$C_0 \approx 30$ mg・L^{-1}，$m/V = 0.05$ g・L^{-1}，pH=6.0，$T=298$ K）

表 3.2　准一级和准二级反应动力学模型的拟合参数表

Experimental data		Model					
浓度 ρ/(mg・L^{-1})	Q_e/(mg・g^{-1})	Pseudo-first-order Model			Pseudo-second-order Model		
		K_1/(min^{-1})	Q_e/(mg・g^{-1})	R^2	K_2/(g・mg^{-1}・min^{-1})	Q_e/(mg・g^{-1})	R^2
5	99.92	1.978	99.4	0.996	1.300×10^{-1}	100	0.999
10	199.8	1.476	199.8	0.999	1.535×10^{-1}	200	0.999
20	398.2	0.897	393.7	0.998	8.219×10^{-3}	400	0.999
30	592.4	0.433	574.6	0.962	1.360×10^{-3}	598.8	0.999
50	621.5	0.713	616	0.994	4.788×10^{-3}	625.4	0.999

颗粒内扩散模型常被用来分析吸附过程中的控速步骤，当进入U（Ⅵ）材料表面后，在材料孔隙内的扩散过程，其扩散速度取决于很多因素。该模型的方程表达式为[17]：

$$Q_t = K_{\text{stage}} t^{\frac{1}{2}} + C \tag{3.3}$$

式中：Q_t 为在不同反应时间节点上吸附U（Ⅵ）的量，$mg \cdot g^{-1}$；K_{stage} 为颗粒内扩散模型的吸附速率常数；C 为颗粒表面液膜层厚度的参数，$mg \cdot g^{-1}$。

图3.13展示了 $t^{1/2}$ 和 Q_t 之间的多线性关系，拟合线的截距均不为零，这表明LDHs@nHAP-U对U（Ⅵ）的吸附过程不仅受单因素控制。可以发现，吸附前两个阶段如第一阶段和第二阶段拟合线分别描述了U（Ⅵ）吸附到表面并扩散到LDHs@nHAP-U孔中的过程，第三阶段代表着吸附的动态平衡阶段。拟合参数如表3.3所示，各组的 $K_{\text{stage I}}$ 均高于 $K_{\text{stage II}}$ 和 $K_{\text{stage III}}$，表明控制吸附速率的主要阶段为第一阶段（即表面吸附过程），第二和第三阶段的影响依次减弱。基于以上分析可以发现，LDHs@nHAP-U表面的吸附位点在吸附过程中起着不可替代的作用，其对U（Ⅵ）吸附过程的贡献要高于孔隙或内扩散。

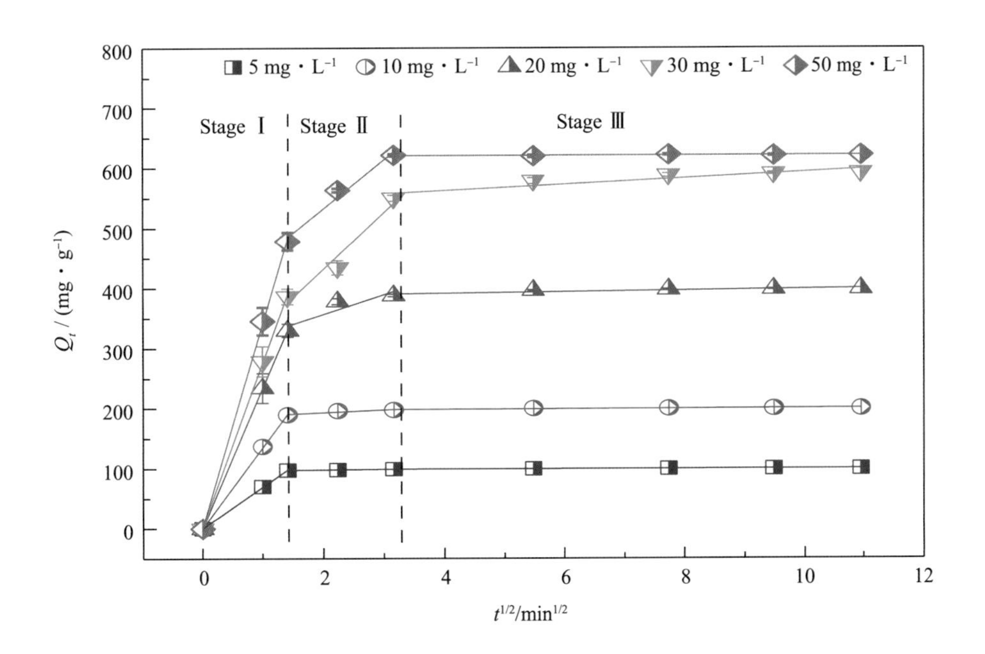

图3.13 LDHs@nHAP-U对U（Ⅵ）的颗粒内扩散模型拟合

（$C_0 \approx 30\ mg \cdot L^{-1}$，$m/V = 0.05\ g \cdot L^{-1}$，pH=6.0，$T = 298$ K）

表 3.3 颗粒内扩散模型的拟合参数表

Experimental data		Intra-particle diffusion Model					
浓度 ρ/ (mg·L^{-1})	Q_e/ (mg·g^{-1})	$K_{stage\,I}$/ (g·mg^{-1}·min$^{-0.5}$)	R^2	$K_{stage\,II}$/ (g·mg^{-1}·min$^{-0.5}$)	R^2	$K_{stage\,III}$/ (g·mg^{-1}·min$^{-0.5}$)	R^2
5	99.92	69.212	0.995	0.909	0.939	0.100	0.999
10	199.8	134.502	0.993	4.458	0.727	0.271	0.999
20	398.2	233.593	0.999	32.703	0.697	1.159	0.999
30	592.4	274.254	0.995	94.363	0.921	5.120	0.999
50	621.5	339.624	0.994	81.442	0.959	0.058	0.999

吸附等温线可以展示某一温度下溶液平衡浓度与吸附量的相关关系，通过其变化规律以及曲线形状，考察吸附性能，了解吸附过程。研究选用了两种经典的吸附等温线模型 Langmuir 和 Freundlich 吸附等温线，通过收集不同平衡浓度的数据，来分析吸附剂的吸附机制。Langmuir 模型是基于发生在均匀的表面上单层吸附，并且吸附离子之间没有相互作用，而 Freundlich 方程是一个基于非均匀表面吸附的经验方程，这两种模型分别为[18-19]：

Langmuir 模型：
$$Q_e = \frac{K_L Q_{max} C_e}{1 + K_L C_e} \tag{3.4}$$

Freundlich 模型：
$$Q_e = K_F C_e^{\frac{1}{n}} \tag{3.5}$$

本书分别考察了在 283 K、298 K 和 323 K 三个温度下的溶液中 U（Ⅵ）平衡浓度与吸附量之间的关系，结果如图 3.14 和表 3.4 所示。通过比较 Langmuir 模型和 Freundlich 模型拟合的 R^2 平均值，发现 Langmuir 模型具有较好的相关系数（Langmuir 的相关系数为 0.925>Freundlich 的相关系数为 0.891）。结果表明，U（Ⅵ）在 LDHs@nHAP-U 复合材料上的吸附行为更倾向于单层吸附，但是由于磷酸官能团的化学作用和分层次的孔结构，不均匀表面吸附过程也不容忽视。在 pH=6.0，温度为 298 K 的环境下，通过 Langmuir 模型计算得到 LDHs@nHAP-U 对 U（Ⅵ）吸附的最大吸附容量为845 mg·g^{-1}。当然，在模拟废水实验中计算出的饱和容量略高于实际吸附容量，因为在实际的应用过程中 U（Ⅵ）很难达到如此高的平衡浓度。此外，模型的拟合参数 R_L 的值在 0 到 1 之间，这表明该吸附体系有利于 U（Ⅵ）的吸附[9]。

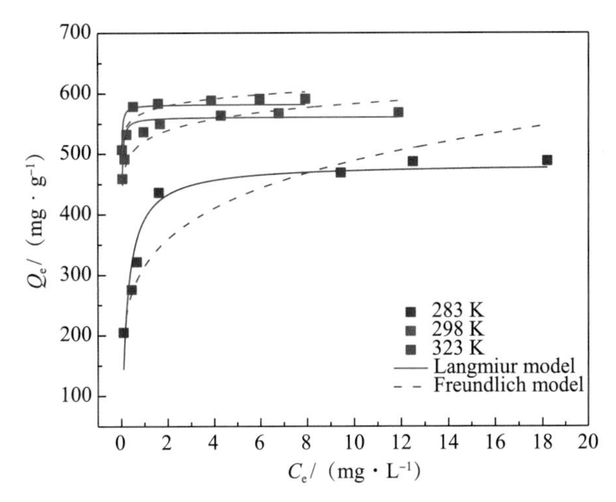

图 3.14 LDHs@nHAP-U 在不同温度下对 U（Ⅵ）的吸附等温线

（C_0≈5～50 mg · L^{-1}，m/V=0.05 g · L^{-1}，pH=6.0，t=24 h）

表 3.4 不同温度下 Langmuir 和 Freundlich 吸附等温线模型的拟合参数

T/K	Langmuir				Freundlich		
	K_L/ (L · mg^{-1})	Q_{max}/ (mg · g^{-1})	R_L	R^2	K_F/ (mg^{1-n} · L^n/g)	1/n	R^2
283	0.545	625.43	0.057	0.871	318.71	0.189	0.878
298	0.724	845.16	0.044	0.941	526.05	0.047	0.951
323	0.889	878.94	0.036	0.964	566.68	0.027	0.846

3.3.2 吸附选择性和循环利用性

在天然水体系的实际应用中，一些共存离子（例如阴离子 CO_3^{2-}、PO_4^{3-}、SO_4^{2-}、NO_3^-、Cl^- 以及阳离子 Ca^{2+}、Al^{3+}、Fe^{3+}、Mg^{2+}、Na^+ 等）会影响在 LDHs@nHAP-U 对 U（Ⅵ）的吸附性能。从图 3.15（a）和图 3.15（b）中，当共存离子浓度从 0.001 mol · L^{-1}增加到 0.1 mol · L^{-1}时，PO_4^{3-}、SO_4^{2-}、NO_3^-、Cl^-、Ca^{2+}、Na^+、Mg^{2+}对 U（Ⅵ）吸附效果的影响微乎其微，而 CO_3^{2-}、Al^{3+} 和 Fe^{3+} 的影响则较强。结果表明，LDHs@nHAP-U 在大多数水质条件下（例如低浓度的 Al^{3+}、Fe^{3+} 的条件下）具有较高的吸附稳定性。如图 3.15 所示。

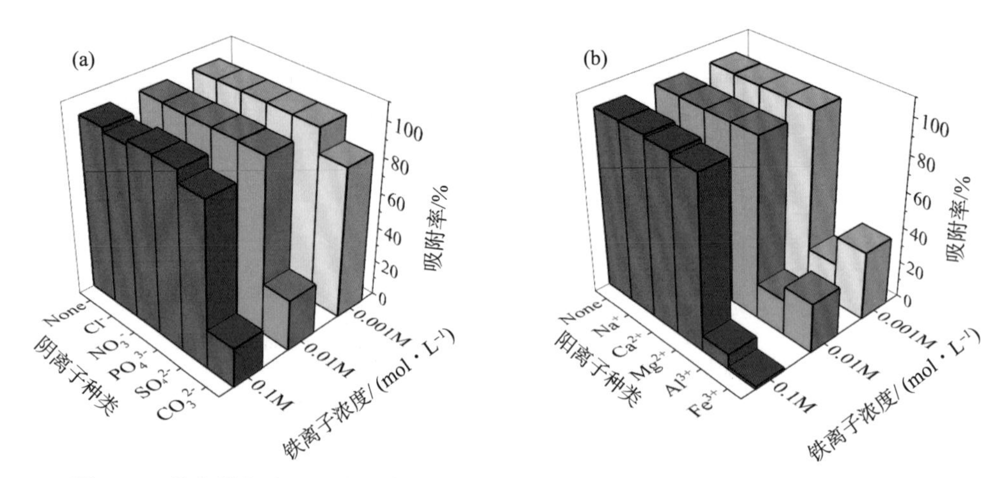

图 3.15　共存阴离子（a）和阳离子（b）对 LDHs@nHAP-U 上吸附 U（Ⅵ）的影响

（$C_0 \approx 30$ mg·L^{-1}，$m/V = 0.2$ g·L^{-1}，pH=6.0，T=298 K，t=2 h）

CO_3^{2-}、Al^{3+} 和 Fe^{3+} 对 LDHs@nHAP-U 吸附的负面影响可能有以下两个原因：① 随着 CO_3^{2-} 浓度的增加，铀酰离子可能形成更多的碳酸铀酰物种，如 UO_2CO_3(aq)、$UO_2(CO_3)_2^{2-}$ 和 $UO_2(CO_3)_3^{4-}$，这将引起表面带负电荷的吸附剂与 U（Ⅵ）之间的静电排斥。② 共存的 Al^{3+} 和 Fe^{3+} 会在 LDHs@nHAP-U 上与 U（Ⅵ）竞争吸附位点，这些高价阳离子的强竞争吸附以及被捕获可能改变吸附体系的电荷分布，从而降低了吸附剂的吸附容量[20]。

为了考察 LDHs@nHAP-U 的选择性吸附性能，本书对一些与铀密切相关的元素（如 Mn、Pb、Zn)、一些水体或海水中常规元素（如 Na、K、Ca、Mg）以及不同价态或存在形式的元素（如 Fe、As（V）、Cr（Ⅵ））等竞争性元素在 LDHs@nHAP-U 的竞争性吸附量进行了测试，吸附平衡结果如图 3.16 所示。结果显示，LDHs@nHAP-U 对铀的吸附量要远高于其他元素，一些先前的吸附研究和密度泛函计算也证实了铀酰—磷酸键的高稳定性，磷酸基团与 U（Ⅵ）的亲和力要远高于低价离子，这也是 LDHs@nHAP 对 U（Ⅵ）选择性的重要原因[21-22]。

吸附剂的回用性和再生性是评价其适用性和经济性的重要因素。在每次吸附试验后，用 1.0 mg·L^{-1}含有 Na_2CO_3 和 NaOH 的混合碱溶液和去离子水离心洗涤吸附过铀的 LDHs@nHAP-U，然后在 60 度的真空干燥箱中烘干。再生后的 LDHs@nHAP-U 被重新用于后续 U（Ⅵ）的吸附。LDHs@nHAP-U 的可回收性和再吸附性能如图 3.17所示，可见 LDHs@nHAP-U 具有很好的再生性，五次循环后吸附率仍保持在 80%以上。

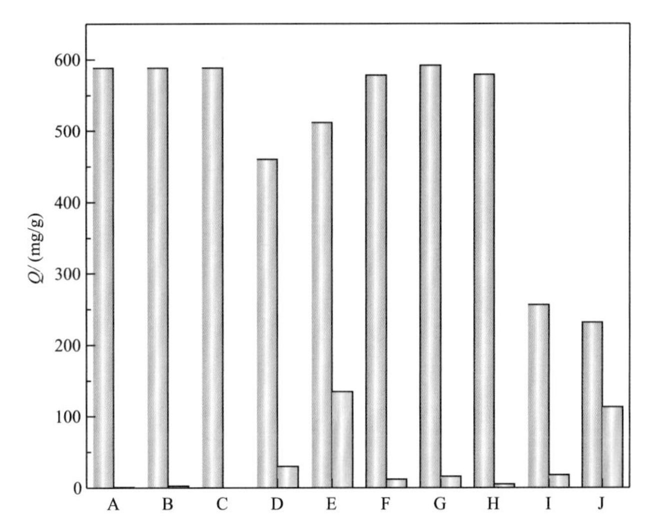

图 3.16 LDHs@*n*HAP-U 对 U（Ⅵ）与其他竞争性离子

（A：U/Na^+，B：U/K^+，C：U/Mg^{2+}，D：U/Mn^{2+}，E：U/Pb^{2+}，

F：U/Zn^{2+}，G：U/Ca^{2+}，H：U/As（V），I：U/Cr（Ⅵ），J：U/Fe^{3+}，

其中铀浓度为 30 mg·L^{-1}，竞争性离子浓度为 10 mg·L^{-1}）的选择性吸附效果

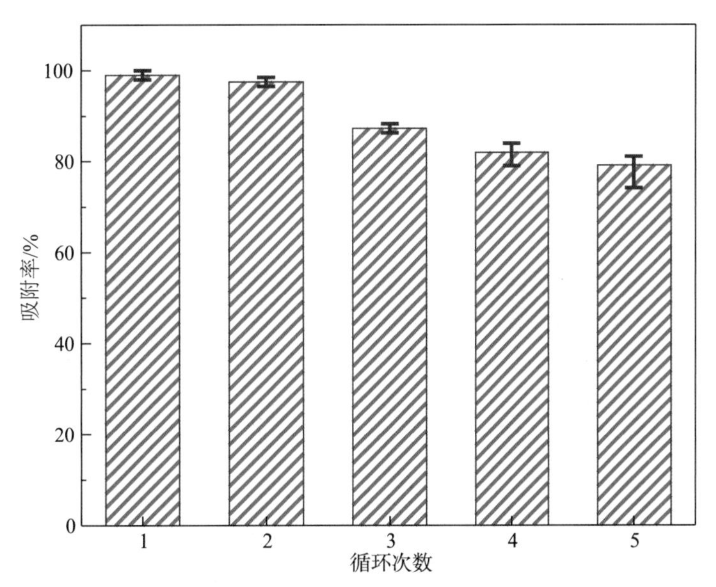

图 3.17 LDHs@*n*HAP-U 的回用性

（C_0≈30 mg·L^{-1}，m/V=0.7 g·L^{-1}，pH=6.0，T=298 K，t=2 h）

3.4 吸附机理分析

实验采用多种表征手段（XRD、FT-IR、SEM-EDS 以及 XPS）对吸附 U（Ⅵ）前和吸附 U（Ⅵ）后的 LDHs@nHAP 复合材料进行表征，探讨了 LDHs@nHAP 吸附 U（Ⅵ）的作用机理和反应机制。

图 3.18（a）为吸附 U（Ⅵ）前后 LDHs@nHAP 的 FT-IR 光谱。其中，921 cm^{-1} 处出现的新峰位是由于吸附后 O＝U＝O 的反对称拉伸振动模式所引起的。可以发现，在 602 cm^{-1}、565 cm^{-1} 和 1038 cm^{-1} 处，O—P—O 峰发生了明显的变化，表明磷酸盐参与了 U（Ⅵ）的吸附过程。此外，在 3450 cm^{-1} 和 3700 cm^{-1} 处，内、外 O—H 基团的变化也很明显，表明表面羟基的络合作用也不容忽略[18]。

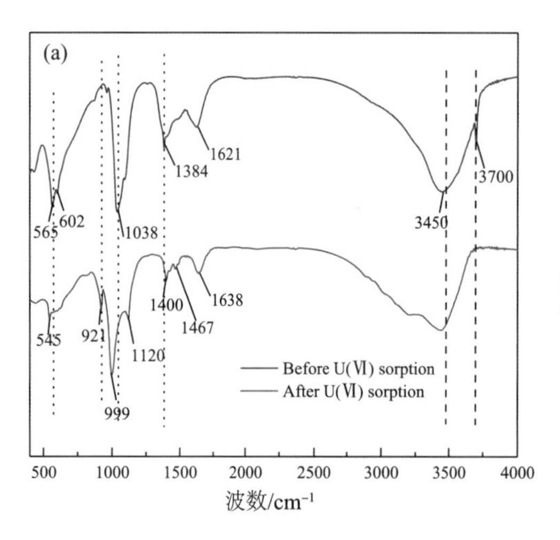

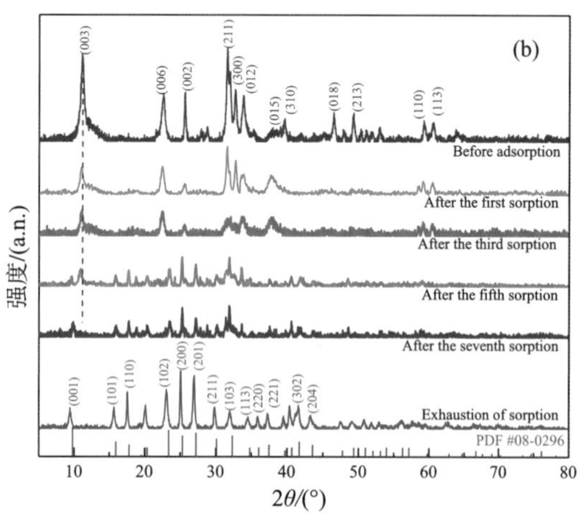

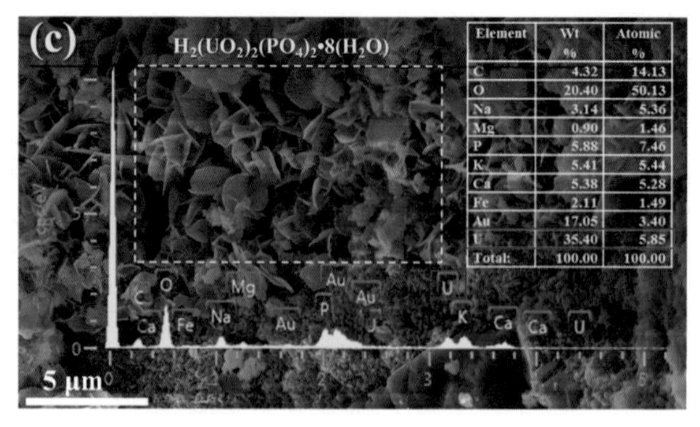

Element	Wt %	Atomic %
C	4.32	14.13
O	20.40	50.13
Na	3.14	5.36
Mg	0.90	1.46
P	5.88	7.46
K	5.41	5.44
Ca	5.38	5.28
Fe	2.11	1.49
Au	17.05	3.40
U	35.40	5.85
Total:	100.00	100.00

图 3.18　（a）LDHs@nHAP-U 在吸附 U（Ⅵ）前后的 FT-IR 图谱；
（b）LDHs@nHAP-U 在吸附 U（Ⅵ）前后的 XRD 图谱；
（c）吸附 U（Ⅵ）后 LDHs@nHAP-U 的 SEM-EDS 图像

如图 3.18（b）所示，吸附后 LDHs@*n*HAP-U 的 XRD 图谱发生了显著变化。随着吸附一解吸次数的增加，部分 LDH 特征峰的强度逐渐降低，说明 U（Ⅵ）的吸附对复合材料中 LDH 的层状结构产生了一定影响。吸附 U（Ⅵ）后，LDHs@*n*HAP 的 XRD 图谱中逐渐出现了一些新的衍射峰，表明复合材料再吸附 U（Ⅵ）后形成了一些新的物相。可以发现，U（Ⅵ）吸附后出现的新特征峰对应于（001），（101），（110）和（204），这些峰与氢铀云母（$H_2(UO_2)_2(PO_4)_2 \cdot 8H_2O$）（PDF No. 09-0296）的特征峰十分匹配，推测磷酸根基团参与了铀的沉淀和氢铀云母的形成[9]。LDHs@*n*HAP-U 与 U（Ⅵ）反应后的 SEM-EDS 图像如图 3.18（c）所示，吸附铀后 LDHs@*n*HAP-U 的形貌变得粗糙和不规则，并出现了一种新的片状或花状含铀晶体，结合 EDS 结果印证了新的物相为 $H_2(UO_2)_2(PO_4)_2 \cdot 8H_2O$。

本书用 XPS 技术研究了吸附前后 LDHs@*n*HAP-U 的表面元素含量和化学价态的变化。如图 3.19（a）所示，在 U（Ⅵ）吸附后 LDHs@*n*HAP 的测量光谱中检测到 U 4f的峰。根据 Fe 2p 和 Mg 1s 的 XPS 谱图［图 3.19（b）和图 3.19（d）］，Fe 2p 的峰位向低结合能方向移动，Mg 1s 的结合能值向高结合能方向移动，进一步证明了 M—O—H（M：Mg 或 Fe）的变化。应注意的是，Fe 2p 的峰面积变化不明显，而 Mg 1s 的峰面积和峰强度明显减小。同时，溶液中铁的浓度在吸附后没有增加，而镁的浓度增加，说明铁与铀没有交换，而在吸附剂表面的镁可能与铀酰离子取代或离子交换作用[10]。

如图 3.19（c）和图 3.19（e）所示，Ca 2 P（350.9 eV，347.2 eV）和 P 2p（133.2 eV）的位置基本没有发生改变，Ca 和 P 的价态和结合形式与以前几乎相同。结果表明，铀酰离子与吸附剂表面的 P，Ca 之间不存在直接络合作用。随着吸附一解吸次数的增加，钙的峰面积逐渐减小。结合 XRD 分析结果，铀酰离子与负载在 LDH 上的 HAP 相互作用的机制主要是磷酸盐诱导的溶解沉淀作用。此外，U 4f 谱［图 3.19（f）］的高分辨率图谱可以发现铀位于 382.2 eV（U $4f_{7/2}$）和 393 eV（U $4f_{5/2}$）的两个峰位为六价铀单一拟合，表明在 U（Ⅵ）的吸附过程中不存在氧化和还原作用[23]。

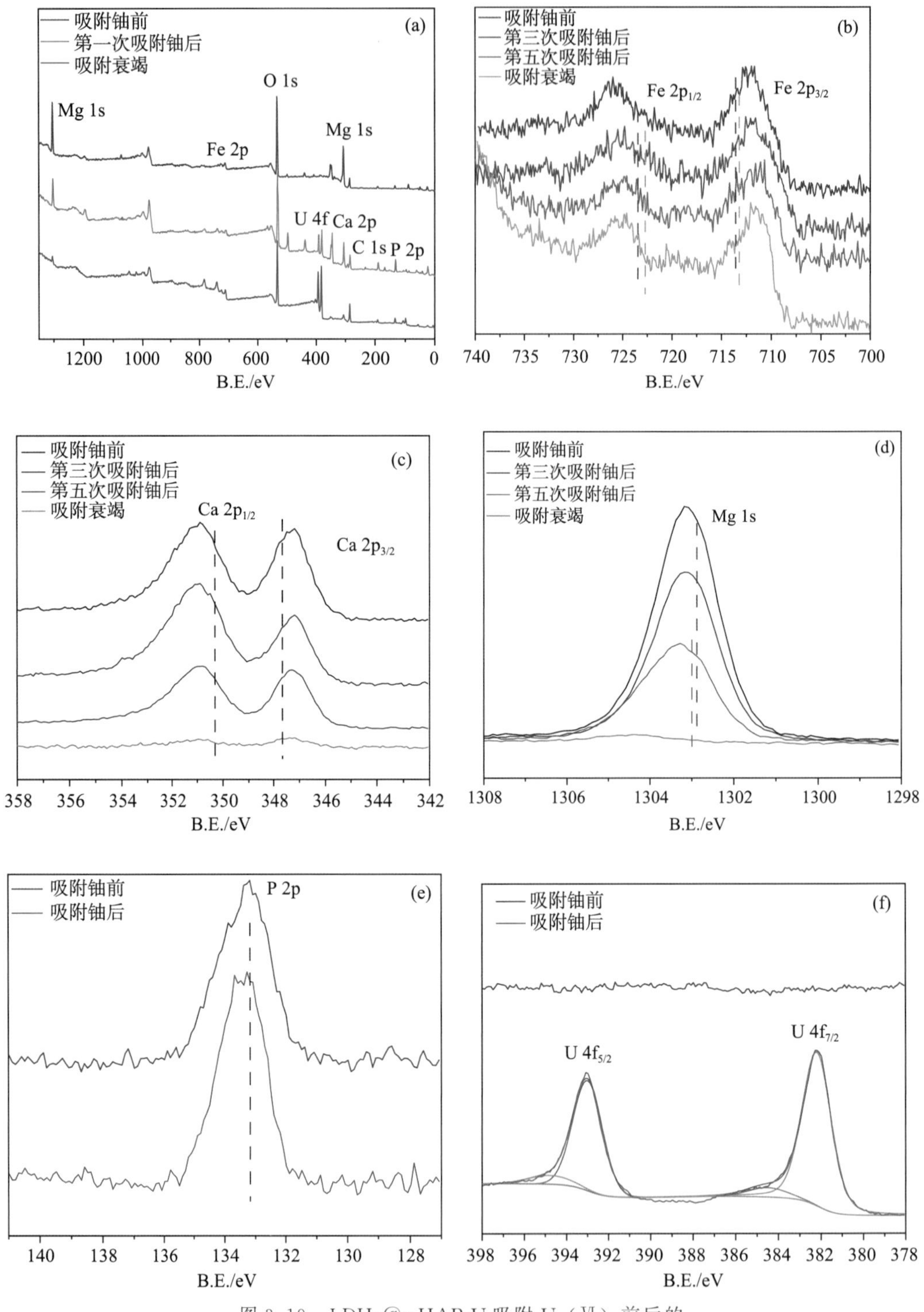

图 3.19　LDHs@*n*HAP-U 吸附 U（Ⅵ）前后的

（a）XPS 总谱、（b）Fe 2p XPS 图谱、（c）Ca 2p XPS 图谱、

（d）Mg 1s XPS 图谱、（e）P 2p XPS 图谱和（f）U 4f XPS 图谱

根据以上表征分析结果，LDHs@nHAP-U 对铀的去除可以被描述为 3 种可能机制，如图 3.20 所示。

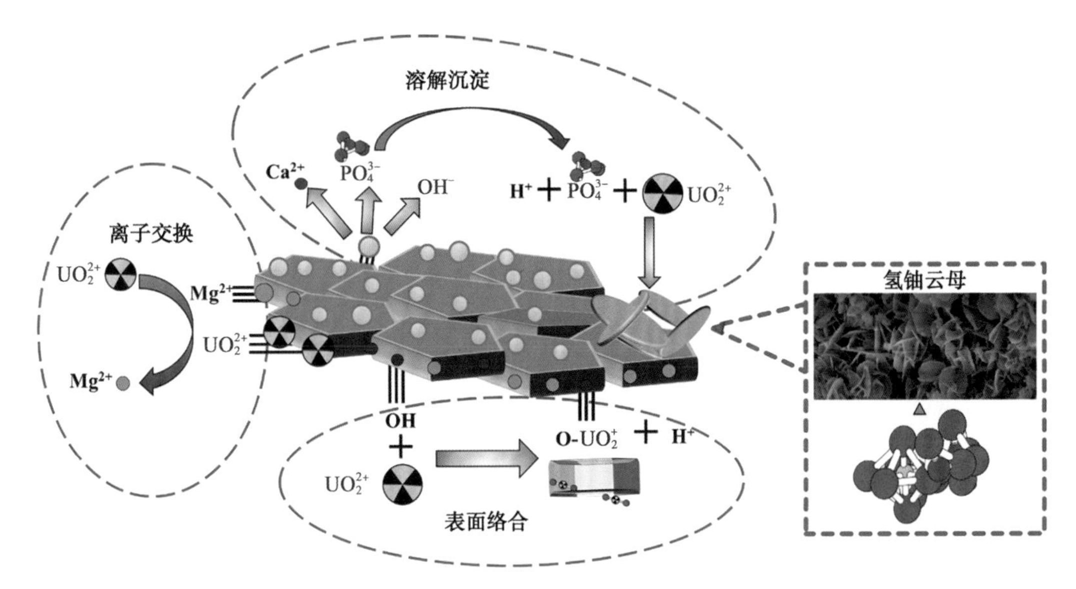

图 3.20　LDHs@nHAP 对 U（Ⅵ）的吸附机理图

① 表面络合作用。基于 LDH 基体材料特殊的层状结构和丰富的羟基基团，吸附的过程主要是通过 LDHs@nHAP-U 内外层丰富的羟基与铀酰离子（FT-IR 和 XPS 证实）的络合作用。该过程可用式（3.6）和式（3.7）来表示：

$$M—O—H + UO_2^{2+} \rightarrow M—O—UO_2^{+} + H^{+} \quad (化学作用) \tag{3.6}$$

$$M—O\cdots H + UO_2^{2+} \rightarrow M—O\cdots UO_2^{2+} + H^{+} \quad (静电作用) \tag{3.7}$$

② 离子交换作用。LDHs@nHAP 上的 Mg 活性位点可以通过离子交换与铀酰离子发生离子交换或同位置换作用。然而，随着材料的循环利用，过量的取代或交换将逐渐导致 LDHs 层结构以及物相的破坏。该过程可用式（3.8）描述：

$$\equiv Mg_{(S)}^{2+} + UO_{2(L)}^{2+} \rightarrow \equiv UO_{2(S)}^{2+} + Mg_{(L)}^{2+} \tag{3.8}$$

其中，下标（S）和（L）分别代表固相和液相。

③ 溶解—沉淀作用。在这种过程中，负载在 LDH 上的纳米 HAP 发生溶解，并向吸附体系中提供对铀酰离子具有高亲和力的磷酸根离子，从而在 LDH 基体上发生沉淀并形成具有片状或花状结构的 $H_2(UO_2)_2(PO_4)_2 \cdot 8H_2O$ 的新相。可用式（3.9）和式（3.10）表示：

$$Ca_5(PO_4)_3OH = 5Ca^{2+} + PO_4^{3-} + OH^{-} \quad (溶解) \tag{3.9}$$

$$2H^2 + 2UO_2^{2+} + 2PO_4^{3-} + 8H_2O \rightarrow H_2(UO_2)_2(PO_4)_2 \cdot 8H_2O \quad (沉淀) \tag{3.10}$$

3.5 本章小结

本章采用超声辅助合成方法制备了 Mg/Fe-LDH@*n*HAP 复合材料。所制备的 Mg/Fe-LDH@*n*HAP 具有吸附速率较快、吸附选择性好、再生性能好以及高吸附容量等优点，在大多数环境条件下对 U（Ⅵ）具有优异的吸附性能。本章采用多种表征技术对复合前后和吸附前后的材料进行一系列表征，结果表明在 Mg/Fe-LDH 基体中负载的 HAP 纳米颗粒对 U（Ⅵ）的吸附起到了至关重要的积极作用。并得出如下结论：

（1）所制备的 LDHs@*n*HAP 具有较大的比表面积（231.4 $m^2 \cdot g^{-1}$）以及丰富的羟基和磷酸根基团，有利于对 U（Ⅵ）的吸附。

（2）Mg/Fe-LDH@*n*HAP 通过 Langmuir 模型计算得出的最大 U（Ⅵ）吸附容量达到 845.16 $mg \cdot g^{-1}$，具有显著优势。

（3）吸附过程符合准二级反应动力学模型，控制吸附速率的过程主要为表面吸附阶段和化学吸附过程。

（4）Mg/Fe-LDH@*n*HAP 材料对 U（Ⅵ）具有较好的吸附选择性，在 PO_4^{3-}、SO_4^{2-}、NO_3^-、Cl^-、Ca^{2+}、Na^+、Mg^{2+} 等阴阳离子的干扰下，该材料依然能保持较高的吸附性能，而 Al^{3+} 和 Fe^{3+} 则会对材料的吸附性能造成负面影响。同时，Mg/Fe-LDH@*n*HAP 材料具有良好的再生性能，在 5 次吸附—解吸循环过程后仍能维持 80%以上的吸附性能。

（5）通过 XPS、SEM-EDS 和 FT-IR 研究了 U（Ⅵ）在 Mg/Fe-LDHs@*n*HAP 上的吸附机理，主要为离子交换作用、表面络合作用和溶解—沉淀作用。

参考文献：

[1] Tsai W. T, Hsien K. J, Hsu H. C, et al. Utilization of ground eggshell waste as anadsorbent for the removal of dyes from aqueous solution [J]. Bioresource Technology, 2008, 99: 1623-1629.

[2] Sweeny K H, Fischer J R. Reductive degradation of halogenated pesticides [J]. U. S. Patent, 1972: 3640821.

[3] Gillham R W, O'hannesin S F. Metal-Catalyzed abiotic degradation of halogenated organic compounds [C]. Hamilton: IAH Conference on Modern Trends in Hydrogeology, 1992: 94-103.

[4] Stepanka K, Miroslav C, Lenka L, et al. Zero-valent iron nanoparticles in treatment of acid mine water from in situ uranium leaching [J]. Chemosphere, 2011, 82:

1178-1184.

[5] Mueller N C, Jürgen B, Johannes B, et al. Application of nanoscalezero valent iron (NZVI) for groundwater remediation in Europe [J]. Environ Sci Pollut Res, 2012, 19: 550-558.

[6] 王萌，陈世宝，李娜，等. 纳米材料在污染土壤修复及污水净化中应用前景探讨 [J]. 中国生态农业学报，2010，18 (2)：434-439.

[7] 朱世东，周根树，蔡锐，等. 纳米材料国内外研究进展Ⅰ-纳米材料的结构，特异效应与性能 [J]. 热处理技术与装备，2010，31 (3)：1-5.

[8] 史德强. 纳米零价铁及改性纳米零价铁对砷离子的去除研究 [D]. 云南大学，2016.

[9] Jamei M R, Khosravi M R, Anvaripour B. A novel ultrasound assisted method in synthesis of NZVI particles [J]. Ultrasonics Sonochemistry, 2014, 21 (1): 226-233.

[10] Wu D, Shen Y, Ding A, et al. Effects of nanoscale zero-valent iron particles on biological nitrogen and phosphorus removal and microorganisms in activated sluge [J]. Journal of Hazardous Materials, 2013, 262 (22): 649-655.

[11] Bae S, Gim S, Kim H, et al. Effect of $NaBH_4$ on properties of nanoscale zero-valent iron and its catalytic activity for reduction of p-nitrophenol [J]. Applied Catalysis B: Environmental, 2016, 182: 541.

[12] Sun Y, Li X, Cao J, et al. Characterization of zero-valent iron nanoparticles [J]. Advances in Colloid and Interface Science, 2006 (120): 47-56.

[13] Hass V, Birringer R, Gleiter H. Prepation and Characterisation of Compacts from Nanostructred Power Produced in an Aerosol Flow Condenser [J]. Materials Science and Engineering, 1998, 246 (1-2): 86-92.

[14] Fang Z Q, Qiu X Q, Huang R X. Removal of chromium in electroplating wastewater by nanoscale zero-valent metal with synergistic effect of reduction and immobilization [J]. Desalination, 2011, 280: 224-231.

[15] Gyanendra R, Buddhima I, Long D N. Long-term Performance of a Permeable Reactive Barrier in Acid Sulphate Soil Terrain [J]. Water, Air, Soil Pollut, 2009, 9: 409.

[16] A A H Faisal, A H Sulaymon, Q M K haliefa. A review of permeable reactive barrier as passive sustainable technology for groundwater remediation [J]. Int J Environ Sci Technol, 2018, 15: 1123-1138.

[17] Lu X, Li M, Deng H, et al. Application of electrochemical depassivation in PRB systems to recovery Fe^0 reactivity [J]. Front Environ Sci Eng, 2016, 10: 4.

[18] Luo P, Bailey E H, Mooney, S J. Quantification of changes in zero valent iron morphology using X-ray computed tomography [J]. Journal of Environmental

Sciences，2013，25：2344-2351.

[19] Liu T，Yang X，Wang Z L，et al. Enhanced chitosan beads-supported nanoparticles for removal of heavy metals from electroplating wastewater in permeable reactive barriers [J]. Water Research，2013，47：6691-670.

[20] Morrison S J，Metzler D R，Dwyer B P. Removal of As，Mn，Mo，Se，U，V and Zn from groundwater by zero-valent iron in a passive treatment cell：reaction progress modeling [J]. Journal of Contaminant Hydrology，2002，56（1/2）：99-l16.

[21] David L. Naftz，Stan J. Morrison，James. Davis，et al. Groundwater Remediation Using Permeable Reactive Barriers [M]. Elsevier Science（USA），2002.

[22] Mallants D，Diels L，Bastiaens L，et al. Removal of uranium and arsenic from groundwater using six different reactive materials：assessment of removal efficiency [M]. Uranium in the Aquatic Environment. Berlin：Springer，2002：561-568.

[23] 李娜娜，朱育成. PRB 技术在铀矿探采工程坑道涌水治理中的应用研究 [C]. 中国核学会 2011 年年会，贵阳，2011.

第4章

石英砂负载 Fe^0-HAP 复合材料去除铀的性能和机理研究

4.1 引言

随着地下水水力梯度的变化和化学组分的沉淀析出，反应介质材料由于团聚、钝化、腐蚀失效等因素引起反应墙体堵塞，导致 PRB 水力传导系数降低、处理效果下降、运行寿命缩短以及产生副反应等问题。纳米材料也会由于体积和表面界面效应极易发生团聚，使材料优异性能减弱甚至完全消失，导致其应用及工业化受阻。石英砂质地坚硬、耐磨且廉价易得，颗粒表面具有较多的凸凹型和鞍部型形貌，有利于材料附着，故常作为吸附材料的载体应用于废水处理工艺中[1-2]。石英砂化学性质稳定，比表面积小、孔隙率小，故改良剂常用于石英砂壁面，辅以高温加热等手段，可以提升石英砂壁面特质，以提升水处理效能。Sreejesh Nair[3]等采用静电（ES）和非静电（NES）两种表面络合（SCMs）模型，模拟了碱土金属存在条件下，铀在无 Mg、Ca、Sr 和有 Sr 的石英上的吸附行为，零价碱性金属与 U（Ⅵ）在石英上吸附还原成矿物沉淀被去除。潘志平[4]研究了石英砂负载 HAP 在 PRB 中除铀效果，得出 PRB 动态柱对 pH 为 4.0 的 7 mg·L^{-1}铀溶液去除效率达到 67.6%，结果符合 Thomas 和 Yoon-Nelson 模型。

采用液相还原法制备石英砂负载零价铁－羟基磷灰石复合材料，既能保持零价铁高效的还原性，又改善其纳米颗粒的易团聚性和易氧化性，保持纳米材料的固有特性并增强其稳定性[5-7]。同时，石英砂作为支撑材料可使复合材料具有机械强度高、截污能力强和不易堵塞的特点，符合 PRB 技术实际应用中反应介质选取的需求[8-9]。运用 XRD、SEM-EDS 对粒径为 0.30～0.60 mm、0.60～1.18 mm 和 1.18～2.36 mm 复合材料的结构与组成进行表征，考察复合材料投加量、pH 值、反应时间、铀初始浓度等因素对三种粒径复合材料吸附铀性能的影响，得出最佳工艺条件。进一步探讨复合材料吸附铀的吸附热力学、吸附动力学以及铀吸附机理，从而为铁基-羟基磷灰石材料作为地下水铀污染修复材料应用提供理论依据[10-12]。

4.2 石英砂负载 Fe^0-HAP 复合材料制备与表征

4.2.1 石英砂负载 Fe^0-HAP 复合材料的制备

(1) 石英砂预处理

用分子筛分别筛选出 0.30～0.60 mm，0.60～1.18 mm，1.18～2.36 mm 三种粒径的石英砂，用去离子水反复冲洗，使上清液清澈无杂质，然后用 1.0 mol·L^{-1} 的稀盐酸浸泡 24 h 以去除其表面杂质，再用去离子水反复冲洗干净，放入烘干箱烘干。

(2) 石英砂负载 Fe^0-HAP 复合材料制备

准确称取 4.964 g 的 $FeSO_4 \cdot 7H_2O$ 溶于 100 mL 水中，用玻璃棒搅拌使完全溶解，滴加 HCl 和 NaOH 溶液调节 pH 在 6.2～7.0；称取 2.595 g 的 HAP 置于溶液中，用玻璃棒充分搅拌，加入相应烘干好的石英砂；称取 1.946 g 的 $NaBH_4$ 固体迅速添加到溶液中，并添加 1.0 g 聚乙烯吡咯烷酮（PVP），然后充分搅拌，溶液中有黑色的固体沉淀析出；继续搅拌，离心（转速 5000 r/min，去离子水、乙醇各洗 3 遍），洗涤后，放在真空干燥器里面干燥 24 h，复合材料颗粒放在无氧环境中保存。如图 4.1 所示。

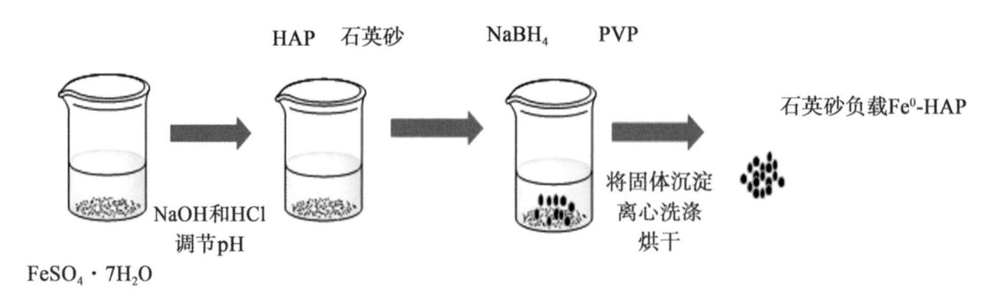

图 4.1 石英砂负载零价铁—羟基磷灰石复合材料制备过程

4.2.2 材料表征

(1) 扫描电子显微镜分析（SEM）和能谱仪分析（EDS）

样品由附带能谱仪的捷克 NovaNano SEM 450 型场发射高分辨扫描电镜测量。将粉末样品用导电双面胶带固定在电镜样品台上，然后用英国 Q150RS-Quorum 型喷金仪器进行喷金处理，再放入扫描电镜上观察样品形貌。场发射扫描电子显微镜可直接利用样品表面材料的物质性能进行微观成像，同时配合使用英国牛津仪器公司的 X-Max20 能谱仪对样品进行元素的成分分析。

(a) 200 ×；(b) 400 ×

图 4.2　石英砂扫描电镜图

由图可知，石英砂表面有凸起、凹地、鞍部等形貌，表面较粗糙，为纳米吸附材料负载提供有利条件。

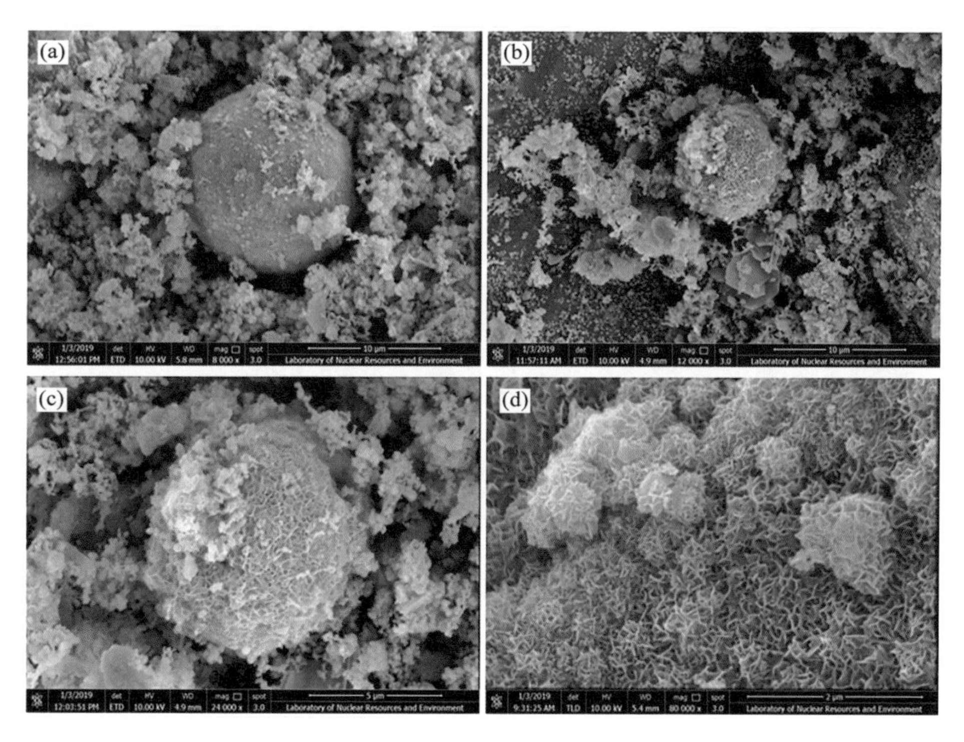

(a) 8000 ×；(b) 12 000 ×；(c) 24 000 ×；(d) 80 000 ×

图 4.3　粒径为 1.18～2.36 mm 复合材料扫描电镜图

(a) 10 000 ×；(b) 12 000 ×；(c) 16 000 ×；(d) 24 000 ×

图 4.4　粒径为 0.60～1.18 mm 复合材料扫描电镜图

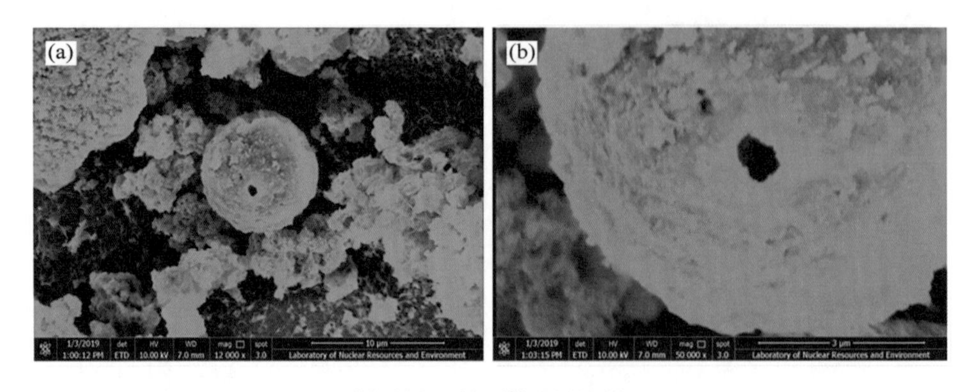

(a) 12 000 ×；(b) 50 000 ×

图 4.5　粒径为 0.30～0.60 mm 复合材料扫描电镜图

由图 4.3～图 4.5 可见，在石英砂有利构造下，其表面附着一层胶结物质，且沟壑内明显存在着类似圆球状物质被该胶结物质束缚在石英砂上，石英砂沟壑内的圆球状物质应为空心结构，有明显的孔洞构造。零价铁、羟基磷灰石和石英砂成功结合在一起。

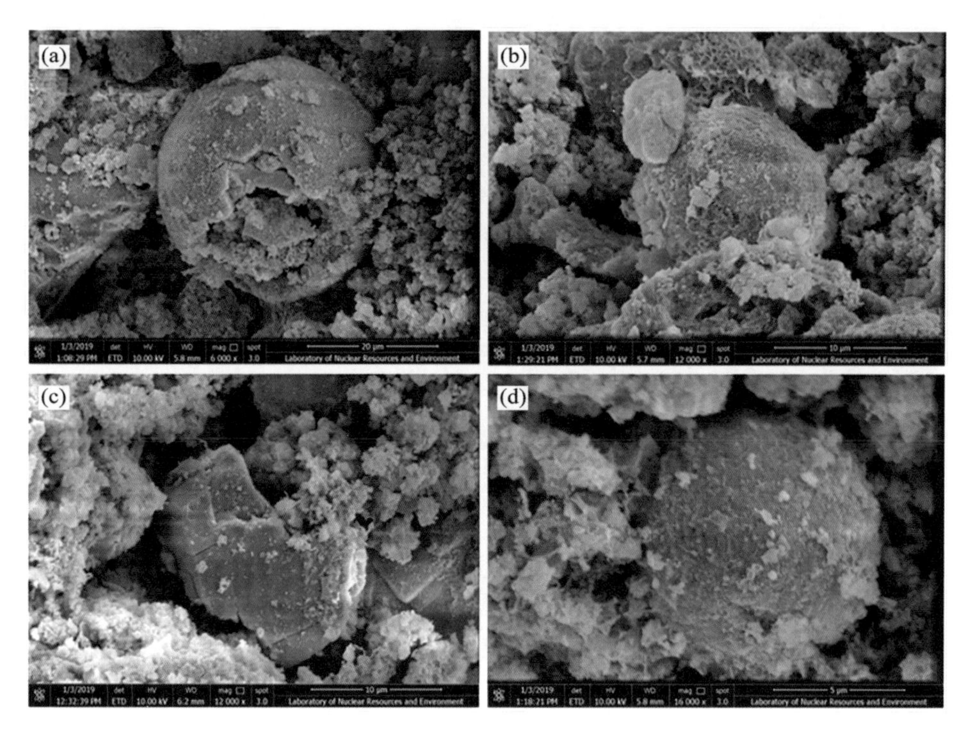

(a) 6000 ×；(b) 12 000 ×；(c) 12 000 ×；(d) 16 000 ×

图 4.6　粒径为 0.3～1.18 mm 复合材料扫描电镜图

从图 4.6 可以看出，反应后的石英砂负载 Fe^0-HAP 复合材料并未从石英砂上脱落，石英砂表面仍存在一种胶结物质，且圆球状物质也仍牢牢被该胶结物质束缚在石英砂上，而对比反应前后的复合材料 SEM 图可以看出，该圆球状物质的孔洞空腔内部被某种物质填满，且孔洞周围外壁有些许破裂。

图 4.7 和图 4.8 为石英砂、石英砂负载 Fe^0-HAP 复合材料 EDS 图，图 4.9 为材料吸附后的 EDS 图。

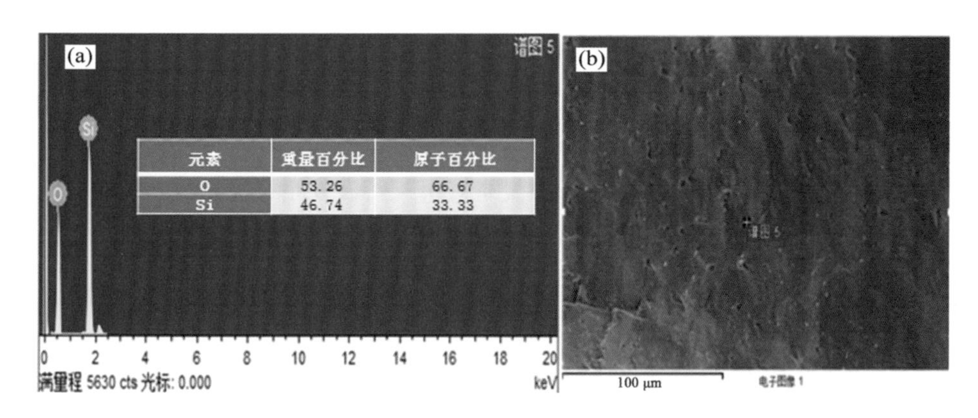

图 4.7　石英砂 EDS 图

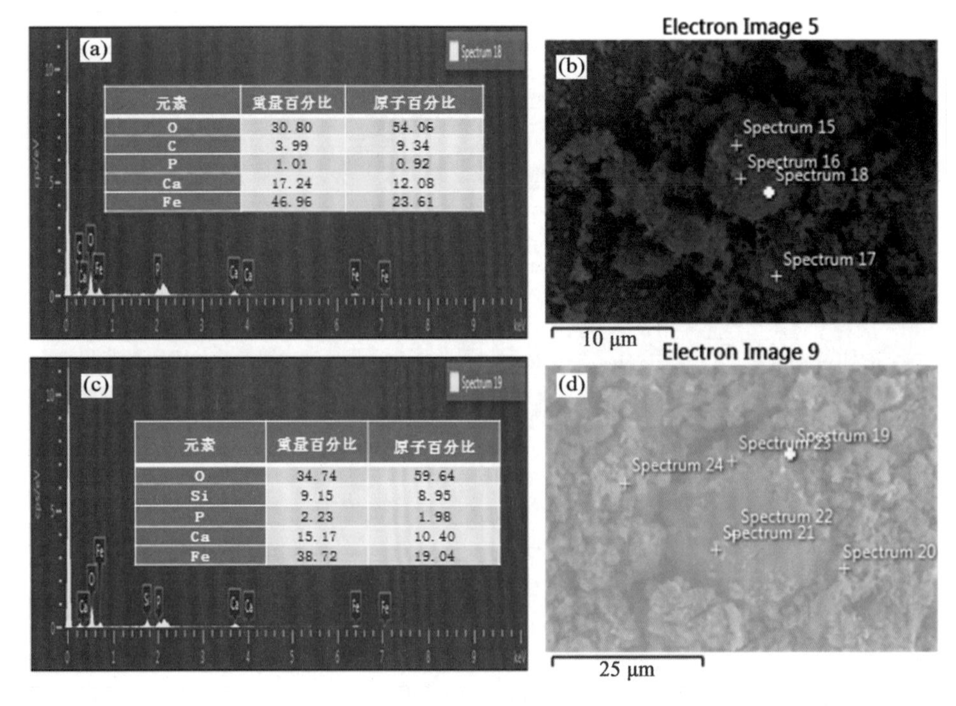

图 4.8　复合材料 EDS 图

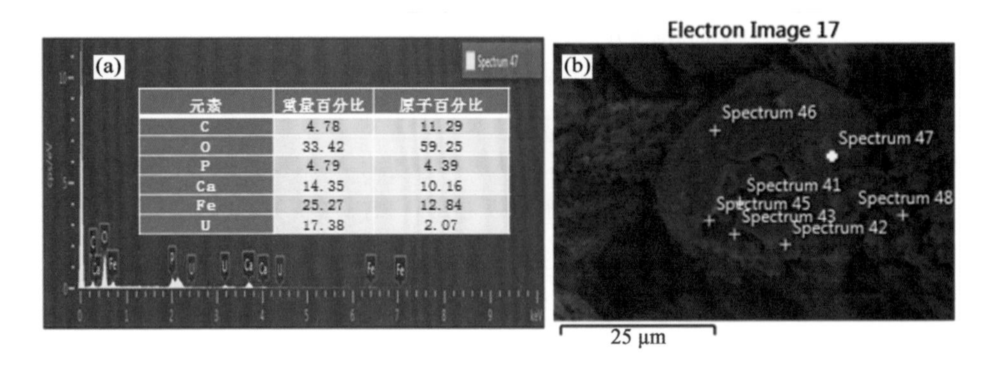

图 4.9　反应后复合材料 EDS 图

由图可知，石英砂主要含 Si、O 元素成分，反应前的石英砂负载 Fe^0-HAP 复合材料出现 C、Si、O、Ca、P、Fe 等元素谱峰，与复合材料成分一致，存在 C 元素，这可能是与粉体合成搅拌时间较长，过程中空气中 CO_2 与溶液发生反应，生成 CO_3^{2-} 取代部分在 HAP 的晶格的 PO_4^{3-}[13-14]。反应后复合材料 EDS 图较反应前的测试峰图中多了铀元素谱峰，说明含铀废水中的铀有一部分从液相转移到了复合材料上，证明本实验所制石英砂负载 Fe^0-HAP 复合材料对铀去除具有效果，解决了粉末吸附剂流失问题。从图中反应材料表面元素的检测结果可知，复合材料的 Ca/P 原子百分比分别为 13.1∶1 和 5.3∶1，而反应后复合材料 Ca/P 的原子百分比为 2.3∶1，Ca/P 的值变小，Ca^{2+} 大大减少可能是由于铀置换了 Ca^{2+}，占据了 Ca^{2+} 的吸附位点产生的[15-16]。

（2）X射线衍射分析（XRD）

利用德国Bruker D8-A25多晶X射线衍射仪对样品进行结晶性能测定，Cu-Kα靶X光管电压≤40 kV，电流≤40 mA，扫描范围2θ为0～140°，测角仪精确度0.000 1°，准确度≤0.02°。XRD可以进行样品反应前后的物相和晶型分析，得到材料的成分、材料内部原子或分子的结构或形态等信息。

图4.10分别为粒径0.30～0.60 mm、0.60～1.18 mm和1.18～2.36 mm的石英砂负载Fe^0-HAP复合材料和反应后的XRD图。

从图4.10（a）可以看出，3种粒径复合材料主衍射峰均在30.68°为HAP（211），主要物相Fe^0（110）和（200）、SiO_2（112）和$CaCO_3$（217），其中出现Fe_2O_3（202）晶面[6]，再次证实成功制备出石英砂负载Fe^0-HAP复合材料，但复合材料中有Fe^0部分被氧化。所制备的复合材料均具有很好的结晶性，特别是粒径为0.60～1.18 mm复合材料。

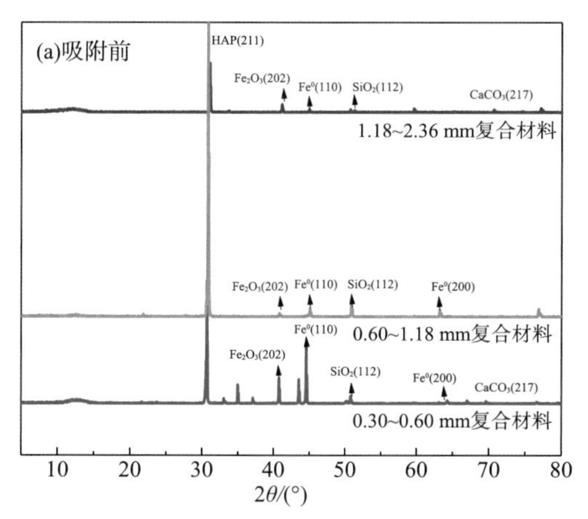

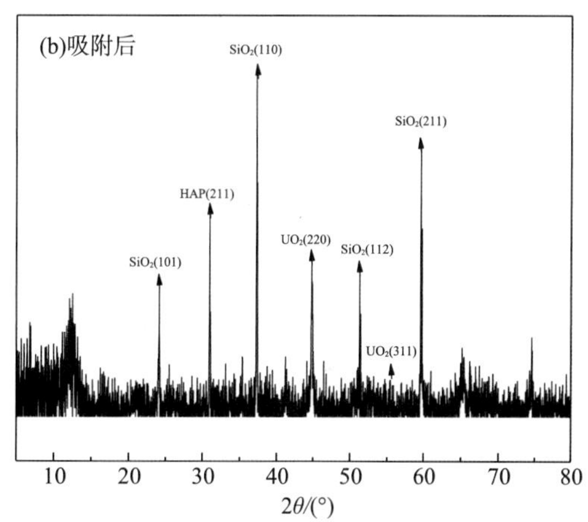

图4.10　复合材料吸附前后XRD图

图4.10（b）反应后原有特征峰的位置没有明显差异，HAP（211）衍射强度相对减弱，仍出现Fe_2O_3（202）晶面，SiO_2（101）（110）（112）（211）、$CaCO_3$（217）晶面，但未出现Fe^0（110）和（200）晶面，且出现UO_2（220）和（311）晶面，Fe^0被氧化成Fe_2O_3，U^{6+}被还原成UO_2，进一步说明本实验所制复合材料对铀的去除。

从EDS分析结果判断，通过氧化还原沉淀、与磷酸盐结合成化学沉淀去铀还是很有限的；XRD谱中UO_2衍射峰强度也表明吸附材料中UO_2的数量相对较低。吸附材料中零价铁氧化峰的消失，主要还是纳米零价铁在吸附过程中被水中溶解氧氧化所致。上述在吸附剂表面发生的一些化学反应也表明，在研究纯吸附过程时，应充分考虑吸附剂在吸附体系中的稳定性，尽量避免吸附剂与吸附质、体系中其他环境介质可能发生的各种化学反应，否则反应结果可能会与吸附理论出现偏差。本次实验中，铀的去除还是以吸附为主，其他化学反应很少。

4.3 吸附性能和机理研究

4.3.1 吸附性能研究

（1）复合材料投加量对吸附铀的影响

粒径 0.30～0.60 mm、0.60～1.18 mm 和 1.18～2.36 mm 三种石英砂负载 Fe^0-HAP复合材料投加量对铀吸附性能的影响，试验结果见图 4.11。

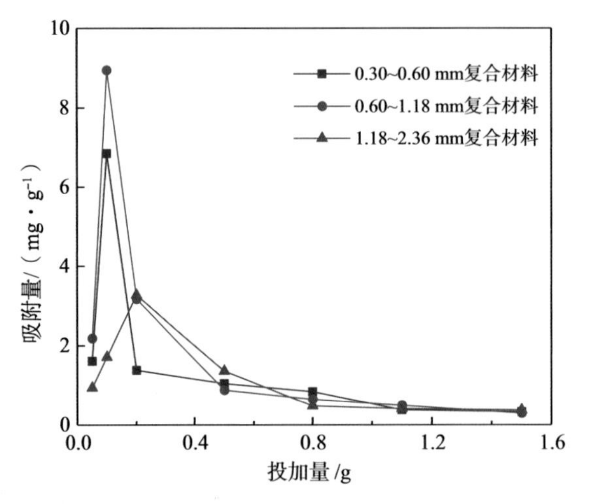

图 4.11　复合材料投加量对吸附铀的影响

从图 4.11 中可以看出，3 种粒径的复合材料吸附铀过程可以分为三个阶段。第一阶段为快速反应阶段，铀的吸附量随着复合材料投加量的增加而升高，表现为在粒径为 0.30～0.60 mm、0.60～1.18 mm 复合材料的投加量小于 0.1 g，而粒径为 1.18～2.36 mm 复合材料投加量小于 0.2 g 这一阶段，投加量与单位吸附量成正相关关系，这时投加量较少，复合材料的吸附位点少于铀的数量，溶液中仍有大量的铀。随投加量的继续增大，吸附材料上能够起到吸附作用的吸附位点增多，粒径为 0.30～0.60 mm、0.60～1.18 mm 材料投加量为 0.1 g、1.18～2.36 mm 复合材料投加量增加至 0.2 g 时，铀吸附量最大，对应分别为 6.842、8.943 和 3.278 $mg \cdot g^{-1}$；第二阶段，当复合材料的投加量再增加时，水体中铀浓度相对较低，而复合材料表面的吸附位点明显增多，对应单位吸附量急剧下降；第三阶段为平缓反应阶段，继续增加复合材料的投加量，溶液中铀的残存量较少，单位吸附量变化不大，铀吸附效果相对不明显。因此，综合考虑成本和效果等因素，选择粒径 0.30～0.60 mm 和 0.60～1.18 mm 复合材料投加 1.0 $g \cdot L^{-1}$，粒径 1.18～2.36 mm 复合材料投加 2.0 $g \cdot L^{-1}$ 作为最适宜投加量进行后续试验。

（2）溶液 pH 对吸附铀的影响

实际环境条件较复杂，水体 pH 变化大，铀吸附过程会由于 pH 改变材料表面电势和电离度而受到影响[1]。溶液 pH 对粒径 0.30～0.60 mm、0.60～1.18 mm 和 1.18～2.36 mm 三种石英砂负载 Fe^0-HAP 复合材料铀吸附性能的影响，试验结果见图 4.12。

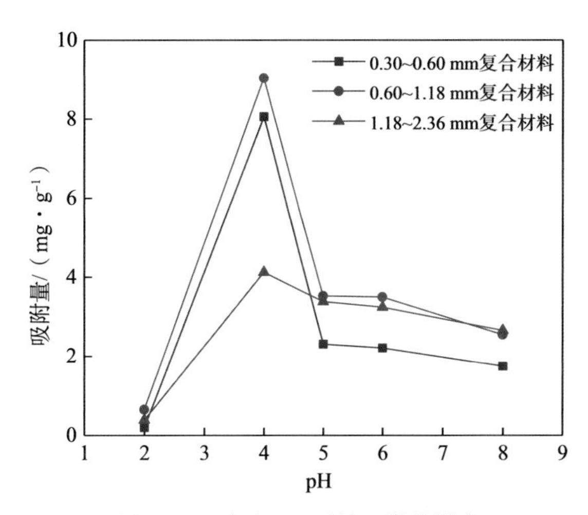

图 4.12　溶液 pH 对铀吸附的影响

由图 4.12 可以看出，溶液 pH 对复合材料去除铀的效果存在显著的影响，在低 pH 范围内，3 种复合材料铀吸附容量较低，溶液 pH 小于 4 时，随着 pH 升高铀吸附量呈快速上升趋势，当 pH 为 4 时，3 种粒径复合材料吸附量达到最大分别为 8.060、9.038 和 4.125 $mg \cdot g^{-1}$，粒径 0.60～1.18 mm 复合材料吸附效果最好，当溶液的 pH 再升高，复合材料对铀吸附量开始下降，pH 4～5 时快速下降，在中性和弱碱性 pH 范围内，铀吸附量下降缓慢。这是由于不同 pH 条件下铀水解和 H_3O^+ 的影响。溶液中铀主要以 UO_2^{2+} 的形式存在，溶液 pH 低，复合材料表面大多数吸附位点被 H_3O^+ 所占据，与 UO_2^{2+} 竞争，影响材料吸附。pH 不断上升，铀的形式主要为 $UO_2(OH)^+$，$(UO_2)_2(OH)_2^{2+}$，$(UO_2)_3(OH)^{5+}$ 等，磷酰基官能团对铀具有强络合能力。同时，水体中 H_3O^+ 的数量减小，让出大量的吸附位点，有利于复合材料对铀的吸附[1]。随着 pH 增加至中性及弱碱性区域时，铀主要为 $UO_2(CO_3)_2^{4-}$ 和 $UO_2(CO_3)^{2-}$，复合材料吸附效率降低[17-18]。因此，在本试验条件下溶液 pH 为 4 时，3 种粒径复合材料的吸附铀效果均达最佳。

（3）反应时间和初始铀浓度对铀吸附的影响

快速高效、适应各种浓度的吸附剂在实际应用中，能够提高处理效率，并可降低处理成本。

图 4.13（a）、图 4.13（b）和图 4.13（c）分别为粒径 0.30～0.60 mm、0.60～1.18 mm 和 1.18～2.36 mm 三种石英砂负载 Fe^0-HAP 复合材料反应时间和铀初始浓度对铀吸附的影响试验结果。由图可以看出，3 种粒径复合材料在初始阶段，特别是低

浓度条件下，复合材料表面大量的官能团和活性位点对铀吸附，吸附量迅速增加；随后，溶液中铀浓度降低，材料表面大部分活性位点被铀占据，复合材料吸附速率降低；而后，反应进入平缓阶段，继续延长反应时间，吸附量变化不明显。3 种粒径复合材料反应时间为 200 min 时所对应的吸附量分别为 8.194、9.101 和 4.149 mg·g^{-1}。潘志平[4]实验制备的石英砂负载 HAP 的铀吸附量分别为 0.291、0.049 和 0.009 mg·g^{-1}，本实验所用复合材料铀吸附量明显优于石英砂负载 HAP。与 160 min 时所对应的吸附量相差不大，因此认为此反应体系在 160 min 基本达到平衡。

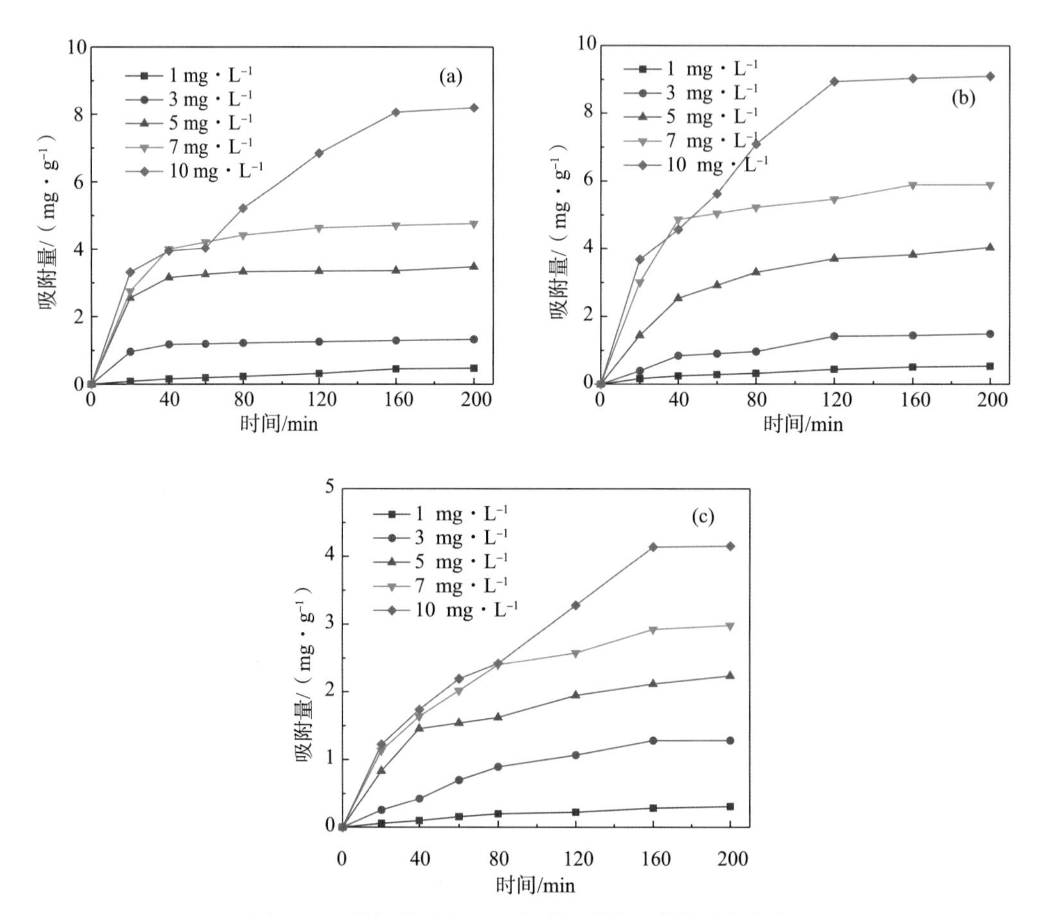

图 4.13 铀初始浓度和反应时间对铀吸附效果的影响

随着铀溶液初始浓度的增加，3 种粒径复合材料的铀吸附量呈正相关，浓度越低，达到平衡时间越少，主要因为铀浓度低，复合材料能较快地完全去除溶液中的铀。在投加量一定的情况下，当铀溶液浓度持续增大，复合材料吸附一段时间后，表面吸附位点被铀占据，单位质量复合材料对某个浓度范围内的铀达到充分吸附[19-20]。对比 3 种粒径复合材料，粒径 0.60～1.18 mm 的复合材料吸附铀效果最佳。

4.3.2　吸附机制研究

（1）吸附等温线研究

为进一步研究石英砂负载 Fe^0-HAP 复合材料吸附铀的机理，采用准一级和准二级动力学模型对 3 种粒径 0.30～0.60 mm、0.60～1.18 mm 和 1.18～2.36 mm 复合材料铀吸附动力学进行研究。将复合材料在不同反应时间条件下铀吸附试验数据进行整理，拟合得到图 4.14，并计算出相应的模型参数，结果见表 4.1。

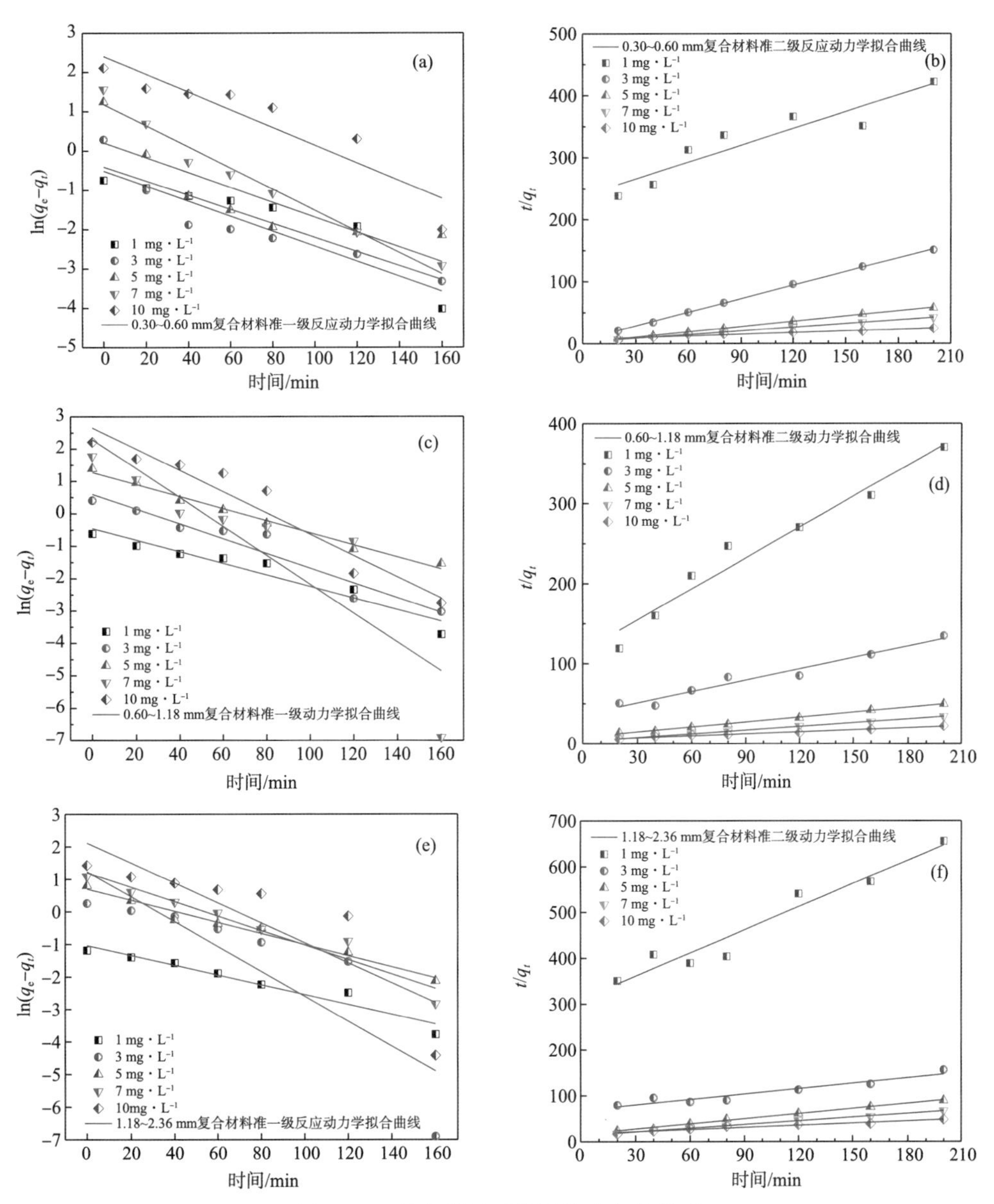

图 4.14　复合材料吸附铀的动力学模型

表 4.1　复合材料对铀的吸附动力学参数

动力学模型	C_0/(mg·L^{-1})	q_e/(mg·g^{-1})	准一级动力学			准二级动力学		
			$q_{e计算}$/(mg·g^{-1})	k_1/min^{-1}	R^2	$q_{e计算}$/(mg·g^{-1})	k_2/min^{-1}	R^2
0.30～0.60 mm 复合材料	1.0	0.474	0.663	0.018	0.825	1.107	0.003	0.872
	3.0	1.328	0.598	0.019	0.848	1.372	0.083	0.999
	5.0	3.474	1.227	0.019	0.723	3.549	0.045	0.999
	7.0	4.764	3.244	0.027	0.974	5.113	0.015	0.999
	10.0	8.194	10.978	0.023	0.857	11.287	0.001	0.921
0.60～1.18 mm 复合材料	1.0	0.540	0.631	0.018	0.932	0.777	0.014	0.960
	3.0	1.490	1.808	0.023	0.934	2.123	0.006	0.959
	5.0	4.038	3.552	0.019	0.987	4.880	0.005	0.997
	7.0	5.895	9.795	0.045	0.782	6.468	0.008	0.997
	10.0	9.101	14.086	0.033	0.935	11.947	0.002	0.976
1.18～2.36 mm 复合材料	1.0	0.305	0.353	0.015	0.943	0.594	0.009	0.947
	3.0	1.282	3.409	0.038	0.744	2.541	0.002	0.910
	5.0	2.234	1.998	0.017	0.977	2.686	0.009	0.993
	7.0	2.983	3.308	0.022	0.942	3.724	0.006	0.997
	10.0	4.149	8.250	0.031	0.741	6.386	0.002	0.942

从图 4.14 和表 4.1 均可以看出，对比 3 种粒径的复合材料动力学模型的决定因子 R^2 值，均大于准一级吸附模型，除粒径 0.30～0.60 mm 的复合材料在浓度为 1.0 mg·L^{-1}时的情形，准二级动力学模型拟合情况均较良好，试验实测的 3 种粒径复合材料分别在铀初始浓度 1.0、3.0、5.0、7.0 和 10.0 mg·L^{-1}的平衡吸附量 q_e 大多与利用准二级吸附方程拟合分析得到的吸附量 $q_{e计算}$ 更接近。说明复合材料对铀的吸附动力学行为更符合准二级动力学模型，由于准二级动力学方程基于假设吸附速率受化学吸附控制，说明石英砂负载 Fe^0-HAP 复合材料对铀的吸附机理主要为化学吸附，涉及通过共享或交换电子之间的价态力。这与石英砂负载 HAP[21] 和方解石负载 HAP[22] 对铀吸附实验所得结论一致。

（2）吸附等温线研究

为研究石英砂负载 Fe^0-HAP 复合材料铀吸附机理，将粒径为 0.30～0.60 mm、0.60～1.18 mm 和 1.18～2.36 mm 的复合材料在不同铀浓度条件下反应所得到的数据进行整合处理，试验数据分别按 Langmuir、Freundlich、Temkin 和 D-R 模型进行拟合得到图 4.15，并计算出相应的模型参数，结果见表 4.2。

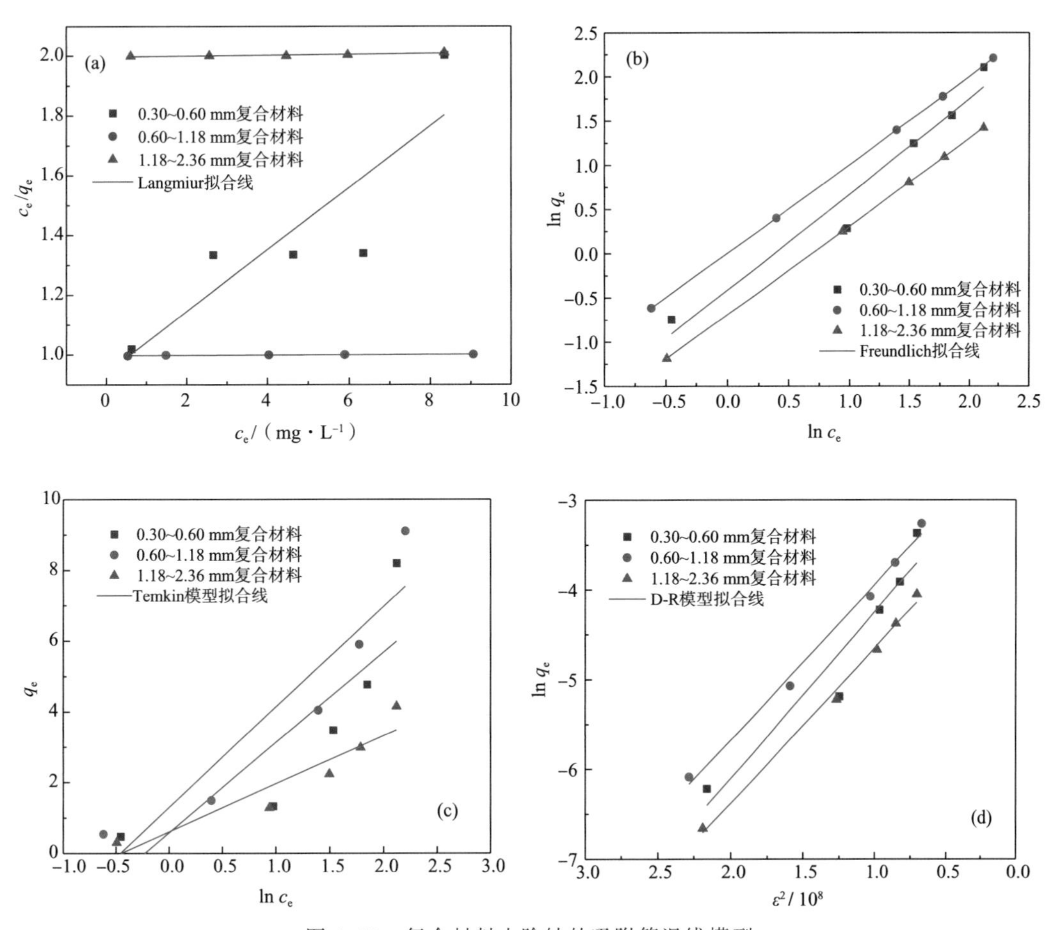

图 4.15　复合材料去除铀的吸附等温线模型

比较拟合方程的决定因子相关系数 R^2，3 种粒径石英砂负载 Fe^0-HAP 复合材料吸附铀的 Freundlich 等温吸附模型拟合效果最好，相关系数 R^2 均大于 0.96，D-R 方程拟合效果次之，相关系数 R^2 均大于 0.92，其次为 Temkin 等温吸附模型，相关系数 R^2 在 0.72～0.88，Langmuir 吸附等温线的相关系数 R^2 仅在 0.67～0.73，拟合效果最差。Langmuir 和 Temkin 等温吸附模型拟合相关系数 R^2 均低于 0.9，拟合效果不好，Freundlich 模型和 D-R 方程对复合材料吸附铀拟合线呈良好的直线关系，说明 Freundlich 吸附等温线模型更能够恰当的描述复合材料对水中铀的吸附行为，材料表面对铀更趋近于多分子层吸附，这可能是由于复合材料比表面积大、孔道结构丰富，复合材料表面对铀存在两种吸附力，即物理吸附和零价铁、磷酰基官能团对铀的化学吸附两种作用机制。由于 $1/n$ 约为 1，表明 3 种粒径复合材料难以对铀进行吸附。Temkin 模型中 b_T 值表明存在非均相表面吸附，由于静电相互作用和不均匀的孔，复合材料表面上的铀吸附发生放热反应。D-R 模型的能量值（3 种粒径均为 5.0 kJ · mol^{-1}）低于 8 kJ · mol^{-1}，表明铀在复合材料上的吸附过程主要受物理吸附的影响。

表 4.2　复合材料等温吸附铀模型参数

材料及温度		Langmuir 模型			Freundlich 模型		
		K_L/(L · mg^{-1})	q_m/(mg · g^{-1})	R^2	K_F/[mg · g^{-1} (mg · L^{-1})^n]	$1/n$	R^2
0.30～0.60 mm 复合材料	25 ℃	2.552	9.645	0.675	0.659	1.083	0.960
0.60～1.18 mm 复合材料	25 ℃	2.709	2122.95	0.724	1.000	1.000	0.999
1.18～2.36 mm 复合材料	25 ℃	7.362	689.655	0.715	0.500	0.999	0.999

材料及温度		Temkin 模型			D-R 方程			
		b_T/(J · mol^{-1})	A_T/(L · mg^{-1})	R^2	q_m/(mol · g^{-1})	K_{DR}/(mol^2 · kJ^{-2})	E_s/(kJ · mol^{-1})	R^2
0.30～0.60 mm 复合材料	25 ℃	972.391	1.252	0.724	0.091	2×10^{-8}	5.0	0.926
0.60～1.18 mm 复合材料	25 ℃	873.716	1.575	0.875	0.109	2×10^{-8}	5.0	0.993
1.18～2.36 mm 复合材料	25 ℃	1 827.49	1.559	0.875	0.053	2×10^{-8}	5.0	0.994

无量纲常数分离因子 R_L 列于表 4.3 中。各浓度 R_L 值在均 0—1 的范围内，这表明在本研究中使用的浓度范围内，石英砂负载 Fe^0-HAP 复合材料对 U 的去除是有利的。因此，该复合材料是有利的吸附剂。此外，分离因子随浓度的增加而减小，说明该吸附过程为不可逆。

表 4.3　各浓度分离因子

C_0/(mg·L^{-1})		1	3	5	7	10
R_L	0.30～0.60 mm	0.281 5	0.115 5	0.072 7	0.053 0	0.037 7
	0.60～1.18 mm	0.269 6	0.109 6	0.068 7	0.050 1	0.035 6
	1.18～2.36 mm	0.119 6	0.043 3	0.026 5	0.019 0	0.013 4

4.4　本章小结

本章采用简单的液相还原法制备石英砂负载零价铁—羟基磷灰石复合材料，并利用XRD、SEM-EDS对复合材料的结构与组成进行表征，研究复合材料投加量、pH、反应时间、铀初始浓度等因素对复合材料吸附性能的影响，确定了最佳工艺条件，并探讨了复合材料吸附铀的吸附等温线、吸附动力学以及对铀的吸附机理。主要结论如下：

（1）通过SEM-EDS、XRD等表征分析结果可知复合材料的石英砂表面附着一层胶结物质，且石英砂沟壑内明显存在着类似圆球状空心孔洞结构物质被该胶结物质束缚在石英砂上，孔洞空腔内部被某种物质填满，且孔洞周围外壁有些许破裂。复合材料具有很好的结晶性，出现了Fe^0、HAP、SiO_2等相关晶面，成分与复合材料组分一致，说明零价铁、羟基磷灰石和石英砂成功结合在一起。反应后材料出现铀元素、UO_2等相关晶面，复合材料对铀去除具有效果。

（2）对3种粒径为0.30～0.60 mm、0.60～1.18 mm和1.18～2.36 mm的石英砂负载零价铁—羟基磷灰石复合材料进行实验。结果可知，铀浓度为10 mg·L^{-1}，pH为4.0的吸附铀性能试验中，粒径0.30～0.60 mm复合材料投加0.1 g、粒径0.60～1.18 mm复合材料投加0.1 g和粒径1.18～2.36 mm复合材料投加0.2 g，反应时间为200 min时所对应的吸附量分别达到8.194 mg·g^{-1}、9.101 mg·g^{-1}和4.149 mg·g^{-1}。

（3）吸附动力学模型分析表明，准二级吸附速率模型相关性更好，试验实测的3种粒径复合材料的平衡吸附量与利用准二级吸附方程拟合分析得到的吸附量接近，准二级吸附速率模型更为恰当地描述石英砂负载零价铁—羟基磷灰石复合材料的吸附动力学过程。吸附等温线模型分析表明，Freundlich吸附等温线模型能够更恰当的描述石英砂负载零价铁—羟基磷灰石复合材料在铀溶液中的吸附行为。D-R模型的能量值低于8 kJ·mol^{-1}，表明铀在复合材料上的吸附过程主要受物理吸附的影响。

参考文献：

[1] 覃海富，张卫民．石英砂负载羟基磷灰石对铅镉吸附性能 [J]．科学技术与工程，2018，18（20）：353-357．

[2] 石隽隽，程丹丹，王晓红，等．石英砂负载 β-FeOOH（ACS）吸附除 Cr（Ⅵ）的机理分析 [J]．环境科学学报．2013，33（7）：1892-1897．

[3] Sreejesh Nair，Lotfollah Karimzadeh，Broder J. Merkel. Surface complexation modeling of Uranium（Ⅵ）sorption on quartz in the presence and absence of alkaline earth metals [J]. Environmental Earth Sciences，2014，71（4）：1737-1745.

[4] 潘志平．石英砂负载羟基磷灰石的制备及其在 PRB 中除铀效果研究 [D]．东华理工大学，2016．

[5] Jafar A，Niyaz M M，Manouchehr V，et al. Synthesis of magnetic metal-organic framework nanocomposite（ZIF-8 @ SiO_2 @ $MnFe_2O_4$）as a novel adsorbent for selective dye removal from multicomponent systems [J]. Microporous Mesoporous Mater，2019，273：177-188.

[6] Wang G H，Liu J S，Wang X G，et al. Adsorption of uranium（Ⅵ）from aqueous solution onto cross-linked chitosan [J]. J Hazard Mater，2009，168：1053-1058.

[7] M. Jiménez-Reyes，M. Solache-Ríos. Sorption behavior of fluoride ions from aqueous solutions by hydroxyapatite [J]. J Hazard Mater，2010，180：297-302.

[8] 张继国，王艳，苏玲，等．木质素－聚乙烯亚胺的合成及对 Cu^{2+} 离子的吸附性能机 [J]．功能材料，2014，45（8）：08143-08147．

[9] K U. Ahamad，R Singh，I Baruah，et al. Equilibrium and kinetics modeling of fluoride adsorption onto activated alumina，alum and brick powder [J]. J. Groundwater for Sustainable Development. Groundwater Sustain Dev，2018，7：452-458.

[10] Zhang Z B，Dong Z M，Wang X X，et al. Ordered mesoporous polymer-carbon composites containing amidoxime groups for uranium removal from aqueous solutions [J]. Chem Eng J，2018，341：208-217.

[11] Zareh M M，Aldaher A，Hussein A E M，et al. Uranium adsorption from a liquid waste using thermally and chemically modified bentonite [J]. J Radioanal Nucl Chem，2013，295：1153-1159.

[12] Nur T，Loganathan P，Nguyen T C，et al. Batch and column adsorption and desorption of fluoride using hydrous ferric oxide：Solution chemistry and modeling [J]. The Chemical Engineering Journal，2014，247（7）：93-102.

[13] Yongheum J，Jun-Yeop L，Jong-Il Y. Adsorption of uranyl tricarbonate and

calcium uranyl carbonate onto γ-alumina [J]. J Applied Geochemistry, 2018, 94: 28-34.

[14] Zhao Y Q, Li J X, Zhang S W, et al. Efficient enrichment of uranium (Ⅵ) on amidoximated magnetite/graphene oxide composites [J]. Rsc Advances, 2013, 3: 18952-18959.

[15] 崔真真. 羟基磷灰石复合材料的制备与性能研究 [D]. 东华大学, 2016.

[16] Liu M X, Dong F Q, Yan X Y, et al. Biosorption of uranium by Saccharomyces cerevisiae and surface interactions under culture conditions [J]. Bioresour Technol, 2010, 101: 8573-8580.

[17] Li L, Ding D X, Hu N, et al. Adsorption of U (Ⅵ) ions from low concentration uranium solution by thermally activated sodium feldspar [J]. J Radioanal Nucl Chem, 2014, 299: 681-690.

[18] Wang B D, Zhou Y X, Li L, et al. Preparation of amidoxime- functionalized mesoporous silica nanospheres (ami-MSN) from coal fly ash for the removal of U (Ⅵ) [J]. J Sci Total Environ, 2018, 626: 219-227.

[19] Agnieszka G P, Ewelina G, Marek M. Simultaneous adsorption of uranium (Ⅵ) and phosphate on red clay [J]. JNucl Energy, 2018, 104: 150-159.

[20] Xi Y F, Megharaj M, Ravendra N. Reduction and adsorption of Pb^{2+} in aqueous solution by nano-zero-valent iron—A SEM, TEM and XPS study [J]. Mater Res Bull, 2010, 45: 1361-1367.

[21] Scott T B, Tort O R, Allen G C. Aqueous uptake of uranium onto pyrite surfaces; reactivity of fresh versus weathered material [J]. Geochim Cosmochim Acta, 2007, 71: 5044-5053.

[22] Yuan T G, Chen D Y. Experimental Study on the Treatment of Uranium-Contaminated Mine Wastewater Using Zero-Valent Iron Nanoparticles [J]. Applied Mechanics and Materials, 2013, 316-317: 516-519.

第5章 PRB 动态柱吸附实验研究

5.1 引言

在实际水处理中用固定床除铀，系非平衡吸附，静态吸附实验不能准确地描述固定床吸附过程，动态柱吸附试验是系统研究 PRB 中吸附情况的重要手段，吸附过程与实际情况较接近，通过介质材料在吸附过程中发生的物理变化以及出水吸附质的含量变化探究整个吸附的行为，可以研究材料对吸附质的动态吸附效果和饱和吸附能力。绘制吸附过程中的穿透曲线，用以预测整个吸附过程，研究各种吸附影响因素与穿透曲线的关系，进行柱吸附相关数学模型的拟合，在实际吸附操作中具有指导性意义，为固定床吸附过程设计与操作提供依据。且可用于指导实际工业设计，以减轻其实际工作量[1-3]。

范钟雷[4]将乙二胺硅胶材料动态吸附 Cu^{2+} 和 Zn^{2+}，发现流量会影响材料吸附。Zou[5]进行柚子皮吸附铀的动态柱试验，结果表明柱高、流速等都会对吸附的效果产生影响。宫志恒[6]采用高锰酸钾改性稻壳动态柱吸附含砷废水，在达到穿透点前，出水中的砷低于《铅、锌工业污染物排放标准》。但在实际应用中，大多数吸附剂粒径小，不适合应用到动态柱试验中。石英砂耐磨、有利于材料附着，并能解决 PRB 堵塞问题，且廉价易得。同时，石英砂负载材料结构可调，可作为理想的填柱材料[7-8]。

第 3 章试验研究表明，石英砂负载零价铁－羟基磷灰石复合材料对铀具有良好的去除效果，为使研究更接近实际情况，为后续 PRB 长效性研究提供理论依据和数据参考，本章通过动态柱正交试验，进一步探讨石英砂负载零价铁－羟基磷灰石复合材料粒径、填充量、进水铀浓度和水力负荷等因素对复合材料 PRB 吸附地下水中铀的性能，分析铀在 PRB 中的迁移规律，并选用 Clark、Thomas 和 Yoon-Nelson 模型对其吸附进行拟合分析，建立吸附动力学模型，最终确定最优 PRB 工艺参数[9-11]。

5.2 动态正交吸附性能研究

5.2.1 动态正交吸附性能实验

为研究复合材料粒径、填充量、进水铀溶液浓度和水力负荷对铀吸附性能的影响，进而查明铀在PRB中的迁移规律，确定石英砂负载零价铁—羟基磷灰石复合材料去除铀的最佳试验条件，本章采用正交试验方法，即正交表 L_a（b^c）进行。其中L为正交设计，a为试验总次数，b为因素水平数，c为因素个数。根据正交试验整齐可比性的特点分析可知，比较复合材料粒径因素A对试验指标的影响时，可以抵消填充量因素B、铀溶液浓度因素C和水力负荷因素D的影响，只需考虑A因素中何种水平对试验指标的效果更好，此水平则是优水平，通过试验结果分析，可以全面地了解试验情况，确定最优水平组合。

本试验为4因素3水平试验，选用 L_9（3^4）组合9种代表性试验组合，考虑4个因素：复合材料粒径、柱填充量、进水铀溶液浓度和水力负荷，以吸附量为试验指标，具体试验方案见表5.1。

表5.1 试验因素选择及水平设置

因素	水平设置		
	1	2	3
粒径 d/mm	0.30～0.60	0.60～1.18	1.18～2.36
填充量/g	20.0	25.0	30.0
进水浓度 C_0/（mg·L^{-1}）	3.033	5.026	7.317
水力负荷 Q_{hl}/（m^3（m^2·d）$^{-1}$）	5.500	9.626	13.751

根据第3章实验结果，反应体系pH为4.0，将PRB柱中第二部分分别填充不同质量的0.30～0.60 mm、0.60～1.18 mm和1.18～2.36 mm石英砂负载零价铁—羟基磷灰石复合材料。PRB动态试验柱装填好之后，利用硅胶管通过蠕动泵连接各动态柱与桶中溶液。按照表5.1的试验条件组合，调节每根动态柱相对应的水力负荷与初始铀溶液的浓度，打开蠕动泵开关，试验具体安排如下：

① 用3.033 mg·L^{-1}铀溶液通过粒径为1.18～2.36 mm复合材料25.0 g，用5.062 mg·L^{-1}铀溶液通过粒径为0.60～1.18 mm复合材料20.0 g，用7.317 mg·L^{-1}铀溶液通过粒径为0.30～0.60 mm复合材料30.0 g，经流量计以13.751 m^3·m^{-2}·d^{-1}

的水力负荷的试验柱；

② 用 3.033 mg·L^{-1}铀溶液通过粒径为 0.60～1.18 mm 复合材料 30.0 g，用 5.062 mg·L^{-1}铀溶液通过粒径为 0.30～0.60 mm 复合材料 25.0 g，用 7.317 mg·L^{-1}铀溶液通过粒径为 1.18～2.36 mm 复合材料 20.0 g，经流量计以 9.626 $m^3 \cdot m^{-2} \cdot d^{-1}$的水力负荷的试验柱；

③ 用 3.033 mg·L^{-1}铀溶液通过粒径为 0.30～0.60 mm 复合材料 20.0 g，用 5.062 mg·L^{-1}铀溶液通过粒径为 1.18～2.36 mm 复合材料 30.0 g，用 7.317 mg·L^{-1}铀溶液通过粒径为 0.60～1.18 mm 复合材料 25.0 g，经流量计以 5.500 $m^3 \cdot m^{-2} \cdot d^{-1}$的水力负荷的试验柱。

每隔一定时间段的吸附作用后，分别在出水口处取水样，并测定其浓度。试验中为尽量减少柱内水流的影响，每次取样都以较缓速度进行。

5.2.2 PRB 动态柱吸附试验数据处理

通常采用穿透曲线来分析 PRB 动态吸附柱。穿透曲线反映 PRB 吸附柱中复合材料在动态条件下，对污染物的吸附规律以及吸附能力。填充 PRB 动态柱吸附介质材料的性能影响穿透时间，试验可确定“穿透点”和“耗竭点”两个重要的点，即 PRB 动态柱中流出的铀溶液浓度（C_t）为流入的铀溶液初始浓度（C_0）10%的时间点称穿透点；当流出液铀浓度（C_t）大约为流入液铀初始浓度（C_0）95%的时间点称为耗竭点[3]，也即穿透终点。穿透曲线一般为 C_t/C_0对时间或体积的函数[4]，通过计算耗竭时间、单位吸附量等参数了解石英砂负载零价铁—羟基磷灰石复合材料对溶液中铀污染物的吸附能力。穿透曲线参数各计算式如下：

① 达到耗竭点时流出的总体积流量 $V_{总}$：

$$V_{总} = \frac{60 \times Q \cdot t_{总}}{1000} \tag{5.1}$$

式中，Q 为流速，mL·min^{-1}；$t_{总}$为达到耗竭点时总的流出时间，h。

② 动态 PRB 柱总吸附量 $q_{总}$[5]：

$$q_{总} = \frac{60 \times Q}{1000}\int_0^{t_{总}} C_{吸}\,dt \tag{5.2}$$

式中，$C_{吸}$ 为吸附铀的浓度，mg·L^{-1}，$C_{吸} = C_0 - C_t$。

③ PRB 动态试验柱达到耗竭点时反应材料对铀的单位吸附量 $q_{单位}$（mg·g^{-1}）：

$$q_{单位} = \frac{q_{总}}{m} \tag{5.3}$$

式中，m 为 PRB 动态试验柱中填充的反应材料的干重，g。

④ 流经动态 PRB 柱的吸附铀总量 $m_{总}$（mg）：

$$m_{总} = \frac{60 \times C_0 \times Q \times t_{总}}{1000} \tag{5.4}$$

5.2.3 穿透曲线分析

为探讨铀在PRB动态柱中的迁移规律，把9根PRB动态柱正交试验数据进行穿透曲线分析。以时间（T）为横坐标，C_t/C_0为纵坐标，分别绘制PRB动态柱吸附铀的穿透曲线，结果见图5.1和表5.2。

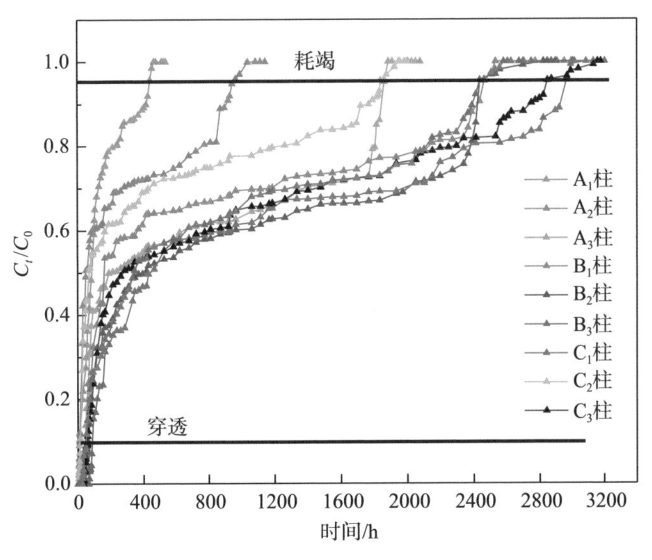

图5.1 PRB柱吸附铀的穿透曲线

从图5.1中可知，反应初始阶段，PRB柱I部分填充的都是纯石英砂，没有复合材料，铀浓度迅速升高，反应速率持续增大，当试验开始约10～14 h，A_1、A_2、B_3柱就先后达到穿透点，约44～59 h，A_3、B_1、B_2、C_2、C_3柱先后达到穿透点；约83～94 h，C_1柱达到穿透点；约51～94 h，A_1、A_2、B_3柱平缓上升，约153～166 h，B_1柱平缓上升，约214 h、286 h、347 h，A_3、C_2、C_3柱平缓上升，约419 h和467 h，B_2、C_1柱平缓上升，各柱铀浓度持续升高但反应速率趋于平缓，这是由于复合材料表面能提供充足的吸附位点，进入动态柱中的铀能被完全吸附，反应稳定，吸附效果好，而后进入PRB柱中的铀没有足够的吸附位点，柱中靠近进水端的复合材料随运行时间的增加逐渐达到吸附饱和，使得动态柱具有吸附能力的部分不断减少，导致进水端铀与动态柱中复合材料的接触时间不断减少，即铀在动态柱的水力停留时间逐渐减少。反应材料被铀逐渐均匀消耗，导致铀浓度又升高。最后A_1柱约443 h、A_2柱约966 h，B_3柱约1840.5 h，A_3、B_1、B_2和C_3柱分别约1863 h、2467.5 h、2416 h和2440 h，2968 h、2848 h时C_1、C_2柱达到耗竭点，出水浓度几乎与进水浓度一致，吸附达到饱和，材料被铀完全消耗。钱程[6]用石英砂负载HAP和方解石负载HAP两种复合材料进行去除水中铀的动态柱对比试验穿透曲线变化趋势与本实验一致。

表 5.2　各 PRB 动态试验柱吸附铀的穿透曲线参数

柱号	粒径 d/mm	m/g	C_0/(mg·L^{-1})	Q/(mL·min^{-1})	$t_{穿}$/h	$t_{总}$/h	$V_{总}$/L	$q_{总}$/mg	$q_{单位}$/(mg·g^{-1})	$m_{总}$/mg
A_1	1.18～2.36	25.0	3.033	3	10.5	443	79.74	71.880	2.875	241.851
A_2	0.60～1.18	20.0	5.062	3	10.5	966	173.88	248.259	12.413	880.181
A_3	0.30～0.60	30.0	7.317	3	47	1 863	335.34	958.483	31.949	2 453.683
B_1	0.60～1.18	30.0	3.033	2.1	59	2 467.5	310.905	296.529	9.884	942.975
B_2	0.30～0.60	25.0	5.062	2.1	57	2 416	304.416	627.655	25.106	1 540.954
B_3	1.18～2.36	20.0	7.317	2.1	14	1 840.5	231.903	440.155	22.008	1 696.834
C_1	0.30～0.60	20.0	3.033	1.2	94	2 968	213.696	233.322	11.666	648.140
C_2	1.18～2.36	30.0	5.062	1.2	59	2 848	205.056	343.170	11.439	1 037.993
C_3	0.60～1.18	25.0	7.317	1.2	51	2 440	175.68	456.209	18.248	1 285.451

5.2.4　正交实验分析

正交试验结果如表 5.3 所示。

(1) 确定试验因素的优水平和最优水平组合

以吸附量为性能指标，分析复合材料粒径（A 因素）各水平对应的指标之和为：

$$
\begin{aligned}
K_{A1} &= 2.875 + 12.413 + 31.949 = 47.238 \\
K_{A2} &= 9.884 + 25.106 + 22.008 = 56.998 \\
K_{A3} &= 11.666\,6 + 11.439 + 18.248 = 41.353
\end{aligned}
\tag{5.5}
$$

其中：K_{A1} 为 A 因素 1 水平对应的吸附量指标和；K_{A2} 为 A 因素 2 水平对应的吸附量指标和；K_{A3} 为 A 因素 3 水平对应的吸附量指标和。

$$
\begin{aligned}
\overline{K_{A1}} &= 47.238/3 = 15.746 \\
\overline{K_{A2}} &= 56.998/3 = 18.999 \\
\overline{K_{A3}} &= 41.353/3 = 13.784
\end{aligned}
\tag{5.6}
$$

其中：$\overline{K_{A1}}$、$\overline{K_{A2}}$、$\overline{K_{A3}}$ 为平均值。

根据 $\overline{K_A}$ 的大小可以判断 A 因素的优水平和最优水平组合。

表 5.3　正交试验结果

试验号	因素	结果				备注
	粒径 d/mm	填充量 m/g	浓度 C_0/($mg \cdot L^{-1}$)	水力负荷 Q_{hl}/($m^3 \cdot m^{-2} \cdot d^{-1}$)	吸附量 $q_{单位}$/($mg \cdot g^{-1}$)	
1	0.30～0.60	20.0	3.033	5.500	2.875	C_1柱
2	0.30～0.60	25.0	5.062	9.626	12.413	B_2柱
3	0.30～0.60	30.0	7.317	13.751	31.949	A_3柱
4	0.60～1.18	20.0	5.062	13.751	9.884	A_2柱
5	0.60～1.18	25.0	7.317	5.500	25.106	C_3柱
6	0.60～1.18	30.0	3.033	9.626	22.008	B_1柱
7	1.18～2.36	20.0	7.317	9.626	11.666	B_3柱
8	1.18～2.36	25.0	3.033	13.751	11.439	A_1柱
9	1.18～2.36	30.0	5.062	5.500	18.248	C_2柱

根据正交试验的特性，A_1、A_2、A_3同时进行比较，若A因素对吸附量无影响，则A_1、A_2、A_3应相等，上述计算结果可知，A因素（粒径）对吸附量有影响，$K_{A2}>K_{A1}>K_{A3}$，所以可断定为A_2为A因素的优水平。同理可得，$K_{B1}=24.426$，$K_{B2}=48.958$，$K_{B3}=72.206$，$K_{C1}=36.322$，$K_{C2}=40.546$，$K_{C3}=68.722$，$K_{D1}=46.230$，$K_{D2}=46.087$，$K_{D3}=53.273$，由于$K_{B1}<K_{B2}<K_{B3}$，$K_{C1}<K_{C2}<K_{C3}$，$K_{D2}<K_{D1}<K_{D3}$，则K_{B3}、K_{C3}和K_{D3}分别为B、C和D因素的优水平，即粒径为0.60～1.18 mm复合材料填充量为30.0 g，进水铀浓度为7.317 $mg \cdot L^{-1}$时，水力负荷为13.751 $m^3 \cdot m^{-2} \cdot d^{-1}$，吸附量最高。

（2）极差确定因素的主次顺序

根据极差R_j的大小可判断各因素的对吸附量影响主次，各因素的极差大小计算结果如下：

$$
\begin{aligned}
R_A &= 56.998 - 41.353 = 15.645 \\
R_B &= 72.206 - 24.426 = 47.780 \\
R_C &= 68.722 - 36.222 = 32.400 \\
R_D &= 53.273 - 46.087 = 7.186
\end{aligned}
\tag{5.7}
$$

计算结果见表5.4。

表 5.4　吸附量结果极差分析表

试验号	因素				吸附量
	A	B	C	D	
1	1（0.30～0.60）	1（20.0）	1（3.033）	1（5.500）	2.875
2	1	2（25.0）	2（5.062）	2（9.626）	12.413
3	1	3（30.0）	3（7.317）	3（13.751）	31.949
4	2（0.6～1.18）	1	2	3	9.884
5	2	2	3	1	25.106
6	2	3	1	2	22.008
7	3（1.18～2.36）	1	3	2	11.666
8	3	2	1	3	11.439
9	3	3	2	1	18.248
K'_1	47.238	24.426	36.322	46.230	
K'_2	56.998	48.958	40.546	46.087	
K'_3	41.353	72.206	68.722	53.273	
$\overline{K}_1$	15.746	8.142	12.107	15.410	
$\overline{K}_2$	18.999	16.319	13.515	15.362	
$\overline{K}_3$	13.784	24.069	22.907	17.758	
极差 R	15.645	47.780	32.400	7.186	
主次顺序	B>C >A >D				
优水平	A_2	B_3	C_3	D_3	
优组合	$A_2B_3C_3D_3$				

由表 5.4 可知，极差 R 越大，表示该因素对试验的影响程度越大，因素越重要，由以上计算结果分析，吸附量影响因素的主次顺序为 B—C—A—D，R_B最大，B 因素（材料填充量）为复合材料吸附铀量的主要因素，然后就是进水铀溶液浓度、复合材料粒径，最后是水力负荷。该试验的最优试验条件组合为 $A_2B_3C_3D_3$，即石英砂负载 Fe^0-HAP 复合材料粒径为 0.6～1.18 mm，填充量为 30.0 g，进水铀溶液浓度为 7.317 mg · L^{-1}，

水力负荷为 13.751 $m^3 \cdot m^{-2} \cdot d^{-1}$，吸附铀的效果最好。

（3）方差分析

方差分析计算重复试验的各列因素各水平对应数据之和 K_j以及和的平方 Q_j^2。

列偏差平方和：

$$Q_j = \frac{1}{r}\sum_{i=1}^{m} K_{ij}^2 - \frac{(\sum_{i=1}^{m} K)^2}{n} \quad (j=1, 2, \cdots, k) \tag{5.8}$$

$$k_{ij} = \frac{1}{r} \cdot \frac{K_{ij}}{n_i} \tag{5.9}$$

总偏差平方和：

$$Q_T = \sum_{i=1}^{n} {y_i}^2 - \frac{(\sum_{i=1}^{n} y_i)^2}{n} \tag{5.10}$$

其中：i 为行数（不同水平）；K_{ij} 为第 i 行第 j 列的数据之和；j 为列数（不同因素）；n 为重复试验次数；m 为每个因素的水平数；r 为重复试验次数；y_i 为第 i 次试验。

总自由度：

$$f_T = n - 1 \tag{5.11}$$

因素自由度：

$$f_j = m - 1 \tag{5.12}$$

重复试验的误差可能有两项：一项是由正交表的空列算得的偏差平方和，它在整个试验过程中，各种因素干扰引起的试验误差的估计，是整体误差。另一项是在重复试验（取样）中表现出来的试验误差，主要是试样误差。本试验正交表各列已排满因子而没有空列，用下式来检验各因子和交互作用的显著性[12-13]。

各列因素方差（V_j）：

$$V_j = \frac{Q_j}{f_j} \tag{5.13}$$

统计量（F_0）：

$$F_0 = \frac{V_{j因素}}{V_{j误差}} \tag{5.14}$$

正交试验吸附量和去除率方差分析结果分别如表 5.5 所示。

表 5.5　吸附量方差分析表

试验号	因素				试验结果		y_i
	A	B	C	D	y_{i1}	y_{i2}	
1	1（0.30～0.60）	1（20.0）	1（3.033）	1（5.500）	2.875	2.448	5.323
2	1	2（25.0）	2（5.062）	2（9.626）	12.413	12.779	25.192
3	1	3（30.0）	3（7.317）	3（13.751）	31.949	32.333	64.282
4	2（0.6～1.18）	1	2	3	9.884	10.105	19.990
5	2	2	3	1	25.106	25.040	50.146
6	2	3	1	2	22.008	22.759	44.767
7	3（1.18～2.36）	1	3	2	11.666	11.838	23.504
8	3	2	1	3	11.439	11.376	22.815
9	3	3	2	1	18.248	17.510	35.758
K_1	94.797	48.817	72.905	91.228		K	291.777
K_2	114.903	98.153	80.940	93.462		W	6 033.342
K_3	82.077	144.807	137.932	107.087			
k_1	15.800	8.136	12.151	15.205			
k_2	19.150	16.359	13.490	15.577			
k_3	13.679	24.135	22.989	17.848			
R_j	5.471	15.998	10.838	2.643			
U_j	4 820.956	5 497.692	5 148.595	4 754.209		P	4 729.647
Q_j	91.309	768.046	418.948	24.562		Q_T	1 303.695

注：$k_{ij}=\frac{1}{6}K_{ij}$；$U_j=\frac{1}{6}\sum_{i=1}^{3}(K_{ij})^2$；$Q_j=U_j-P$，表中 KWP 分别代表因素 K、因素 W、因素 P

（4）显著性检验

根据以上计算结果，进行吸附量显著性检验，分析结果如表 5.6 所示。

表 5.6　吸附量显著性分析表

变异来源	平方和（Q_j）	自由度（f_j）	均方（V_j）	F_0	Fa	显著性	
A$^{\Delta}$	91.31	2	45.65	495.13		显著	显著
B	768.05	2	384.02	4 164.77	$F_{0.05}$（2，9） =4.26	显著	显著
C	418.95	2	209.47	2 271.77	$F_{0.01}$（2，9） =8.02	显著	显著
D	24.56	2	12.28	133.19		显著	显著
误差 e	0.83	9	0.09			$F_{0.05}$	$F_{0.01}$
总和	1 303.69	17					

通过对正交试验吸附量的显著性分析结果可知，在显著性水平为 0.01 和 0.05 时，4 个因素均为显著的，因此可判断：复合材料的粒径、填充量、进水铀浓度和水力负荷对材料吸附量的影响较大。显著性分析与极差分析结果一致，从数据上来说，吸附量影响因素的主次顺序为 B—C—A—D，B 因素（材料填充量）影响最大，然后就是进水铀溶液浓度、复合材料粒径，最后是水力负荷。

（5）因素与指标趋势图

从图 5.2 中可以直观地看出性能指标和与各因素水平的波动关系。

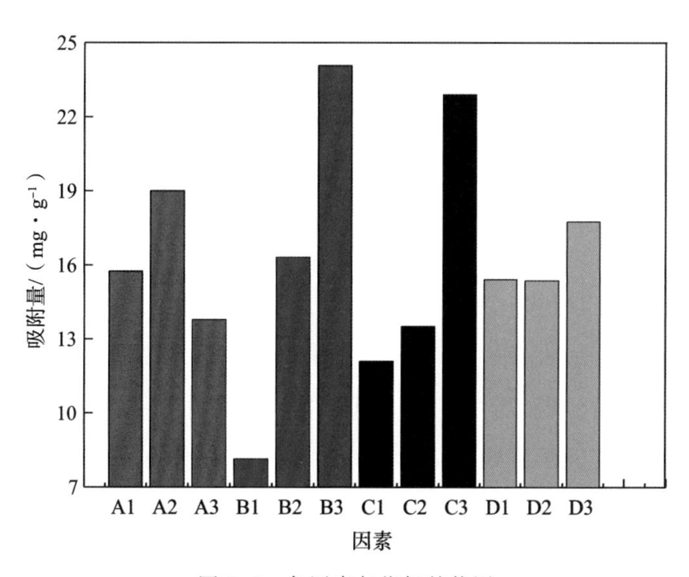

图 5.2　各因素与指标趋势图

通过结合表5.3对各PRB动态试验柱吸附铀的穿透曲线参数和表5.4正交试验结果表，进水铀溶液浓度和填充量两个因素对动态吸附U吸附量的影响呈正相关，分别比较同填充量$C_1A_2B_3$、$B_2C_3A_1$、$A_3B_1C_2$动态柱可知，随着反应的进行，填充量越多，复合材料越多，位点越多，复合材料与铀接触更充分，吸附铀也越多；分别比较同进水铀溶液浓度$A_1B_3C_2$、$A_2B_1C_3$、$A_3B_2C_1$动态柱可知，进水铀溶液浓度越大，铀的总量越多，复合材料吸附铀越多，说明在一定浓度范围内，材料越多，铀浓度越大，复合材料吸附铀的能力越强；分别比较同水力负荷$C_1C_3C_2$、$B_2B_1B_3$、$A_3A_2A_1$动态柱可知，水力负荷在5.500 $m^3 \cdot m^{-2} \cdot d^{-1}$和9.626 $m^3 \cdot m^{-2} \cdot d^{-1}$时，吸附量相近，水力负荷在13.751 $m^3 \cdot m^{-2} \cdot d^{-1}$吸附量最大，说明水力负荷在一定情况下，负荷越大，吸附量相对较大；粒径$C_1B_2A_3$、$A_2C_3B_3$、$A_1B_1C_2$动态柱可知，粒径与吸附量不是简单的比例关系，粒径0.60～1.18 mm复合材料吸附铀最多，粒径太大或者太小吸附效果都不好，要有足够大的比表面积，材料表面能够负载更多的有效反应材料，就能提供越多的吸附位点，吸附铀能力越强。

总之，正交试验所考虑的4个因素对铀吸附均有一定影响，各影响互相交互作用，在一定条件范围内，各粒径材料负载的复合材料越多，填充量多，进水铀浓度越高，水力负荷越大，吸附铀的量越多。

5.3 动态吸附模型

动态吸附柱研究中，须通过利用穿透曲线拟合动态吸附模型分析吸附柱的动态吸附行为与过程，确定动态吸附的特征参数，为复合材料在工业化应用中提供重要数据参考。动态吸附模型发展至今，很多数学模型可以描述和拟合吸附柱穿透曲线，并运用于各种吸附材料的研究中，但需要选择合适的动态模型进行吸附拟合。本节利用Thomas、Yoon-Nelson和Clark三种模型对复合材料动态柱穿透曲线进行拟合分析。

（1）Thomas模型

该模型最早由Thomas于1944年提出并使用至今，是描述污染物反应迁移最广泛应用、最常见的动态吸附模型。Thomas模型假设吸附材料平衡时符合Langmuir等温吸附线，吸附动力学遵循准二级动力学，动态吸附过程具有平推流作用，没有轴向扩散，不会发生弥散现象的理想化模型。吸附过程中内部与外部扩散均为非限速步骤，主要用于研究柱状吸附床中的吸附动力学，可估算柱吸附质的吸附速率常数和平衡吸附量，使用起来相对较为方便而且描述比较准确[14-16]，Thomas模型表达式如下：

$$\frac{C_t}{C_0}=\frac{1}{1+\exp\left(\frac{k_{\text{Th}}q_0m}{Q}-k_{\text{Th}}C_0t\right)} \tag{5.15}$$

式中，C_t为时间为t时动态柱出水铀浓度，mg・L^{-1}；C_0为进水铀溶液浓度，mg・L^{-1}；k_{Th}为Thomas模型速率常数，L・mg^{-1}・h^{-1}；q_0为最大单位吸附量，mg・g^{-1}；Q为动态柱中的流量，L・h^{-1}；m为动态柱中复合材料的质量，g；t为动态柱的吸附时间，h。

（2）Yoon-Nelson模型

Yoon和Nelson建立了一个有关吸附概率的柱吸附拟合穿透曲线模型，该模型假设吸附速率下降的概率与吸附质被吸附的概率和吸附质穿透的概率成正比例，相对于其他模型而言更加简单，不需要有关详细的吸附物特性数据，简化了计算过程。利用该模型拟合，可以预测动态柱50%吸附质时间（当穿透浓度达到初始浓度的一半时所用的时间）和吸附速率常数[8]。Yoon-Nelson模型表达式为：

$$\ln\left(\frac{C_t}{C_0-C_t}\right)=k_{\text{YN}}t-\tau k_{\text{YN}} \tag{5.16}$$

为方便模型直接与模型拟合，将Yoon-Nelson模型转换为如下形式：

$$\frac{C_t}{C_0}=\frac{\exp(k_{\text{YN}}t-k_{\text{YN}}\tau)}{\exp(k_{\text{YN}}t-k_{\text{YN}}\tau)+1} \tag{5.17}$$

其中，k_{YN}为Yoon-Nelson模型速率常数，h^{-1}；τ为出口浓度达到进口浓度50%时所对应的时间，h。

（3）Clark模型

系Clark于1987年提出的一种评价穿透曲线的模型，其综合了质量传递和Fruendlich方程的概念[9]，表达方程式为：

$$\frac{C_t}{C_0}=\left(\frac{1}{1+A\mathrm{e}^{-rt}}\right)^{\frac{1}{n-1}} \tag{5.18}$$

式中：A为Clark模型常数，min；r为吸附速率，mg・L^{-1}・min^{-1}；n为Fruendlich方程系数。

将PRB柱的试验数据进行整理，作出$C_t/C_0\sim t$（h）的关系曲线图，运用Thomas、Yoon-Nelson和Clark模型对复合材料吸附铀拟合得到图5.3的拟合曲线，将拟合出各模型参数值列于表5.7中，结果如下：

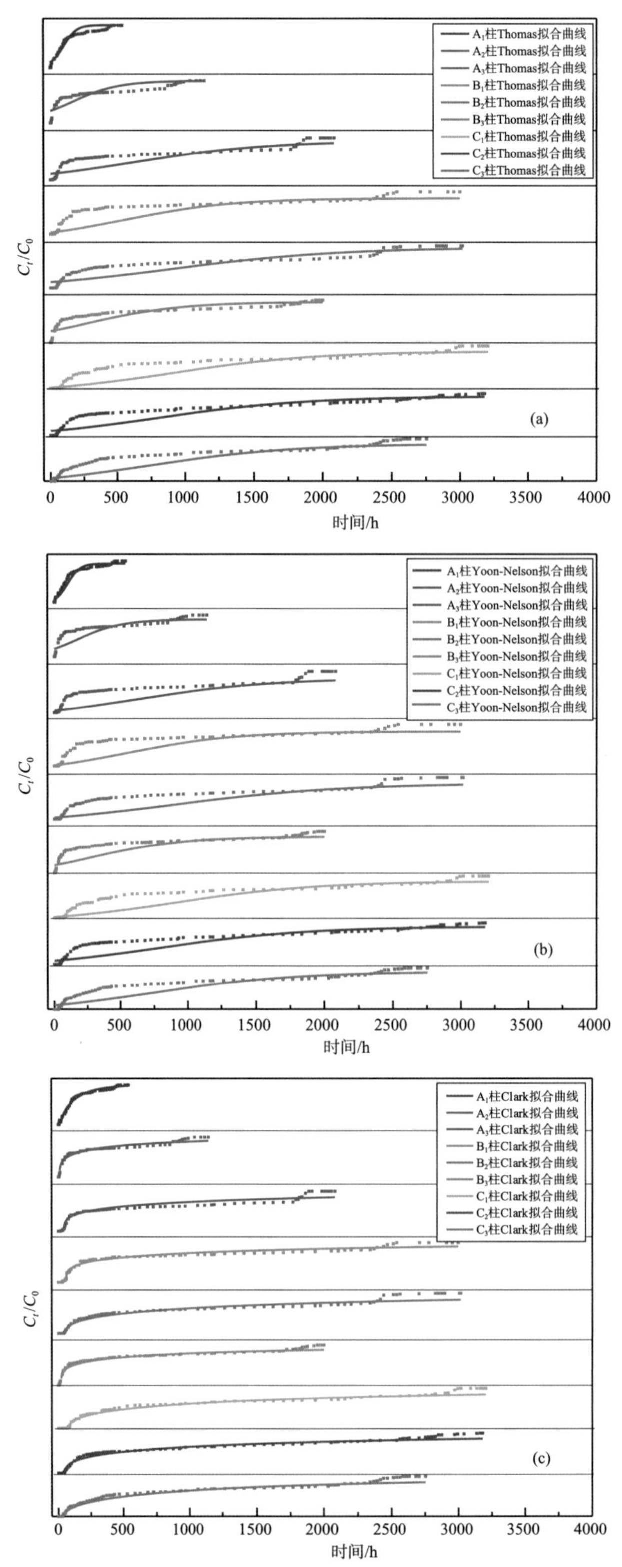

图 5.3　各 PRB 动态柱吸附铀的 Thomas、Yoon-Nelson 和 Clark 模型拟合曲线图

表 5.7 PRB 柱吸附铀的动态拟合模型拟合曲线参数

柱号	材料粒径	填充量	铀溶液浓度	流量	50%浓度时间	柱单位吸附量	Thomas 模型			Yoon-Nelson 模型			Clark 模型		
	d/mm	m/g	C_0/(mg·L^{-1})	Q/(L·h^{-1})	$\tau_{实际}$/h	$q_{单位}$/(mg·g^{-1})	K_{Th}/(L·h^{-1}·mg^{-1})	q/(mg·g^{-1})	R^2	K_{YN}/h^{-1}	τ/h	R^2	r/h^{-1}	A	R^2
A_1	1.18～2.36	25.0	3.033	0.180	94	2.420	0.006 81	2.123	0.934	0.020 66	97	0.936	0.005 94	−1.131	0.997
A_2	0.60～1.18	20.0	5.062	0.180	51	12.776	0.001 11	12.197	0.725	0.005 62	161	0.734	0.000 930	−1.009	0.989
A_3	0.30～0.60	30.0	7.317	0.180	214	31.905	0.000 28	28.091	0.770	0.002 02	640	0.773	0.000 316	−1.014	0.966
B_1	0.60～1.18	30.0	3.033	0.126	166	9.867	0.000 83	7.316	0.768	0.002 52	574	0.771	0.000 333	−1.019	0.972
B_2	0.30～0.60	25.0	5.062	0.126	419	25.191	0.000 32	23.783	0.816	0.001 64	932	0.818	0.000 340	−1.017	0.968
B_3	1.18～2.36	20.0	7.317	0.126	71	23.985	0.000 38	15.838	0.745	0.002 85	283	0.752	0.000 481	−1.009	0.976
C_1	0.30～0.60	20.0	3.033	0.072	467	11.963	0.000 64	10.216	0.840	0.001 93	936	0.842	0.000 367	−1.028	0.987
C_2	1.18～2.36	30.0	5.062	0.072	286	11.433	0.000 37	9.999	0.827	0.001 85	823	0.829	0.000 337	−1.017	0.984
C_3	0.60～1.18	25.0	7.317	0.072	347	17.409	0.000 26	16.091	0.847	0.00191	764	0.849	0.000 522	−1.017	0.964

由图 5.3 表 5.7 可知，Clark 模型对各 PRB 动态柱穿透曲线拟合的相关系数 R^2 值在 0.964 和 0.997 之间，大于 0.960；Yoon-Nelson 模型各 PRB 动态柱模型拟合的相关系数 R^2 值在 0.734 和 0.936 之间；Thomas 模型各 PRB 动态柱模型拟合的相关系数 R^2 值在 0.725 和 0.934 之间。Clark 模型拟合相关系数比 Thomas 和 Yoonelson 模型均更高，说明相对而言，Clark 模型可对复合材料动态吸附铀进行较好地描述。第 3 章静态实验结果表明复合材料吸附铀的吸附等温行为可用 Freundlich 模型进行很好的描述，而 Clark 模型基于 Freundlich 模型假设，试验结果一致[17-20]。

除 A_1 柱外，各柱 Yoon-Nelson 和 Thomas 模型拟合相关系数均小于 0.90，Yoon-Nelson 模型拟合相关系数高于 Thomas 模型，但 Yoon-Nelson 模型计算各柱对应的 50%吸附质穿透时间与实际实验（除 A_1 柱）得到的结果相差很大，然而 Thomas 模型计算的各柱吸附量与实际各柱的值较为接近。Yoon-Nelson 和 Thomas 两个模型均不能较好地描述复合材料对 PRB 动态柱吸附铀的行为。

钱程[21]制备方解石负载羟基磷灰石、石英砂负载羟基磷灰石复合材料，进行 PRB 动态柱对比试验研究，通过动态吸附模型拟合分析，两种材料动态柱符合 Thomas、Yoon-Nelson 动态吸附模型吸附规律。王惠东[22]制备石英砂负载零价铁复合材料 PRB，研究复合材料粒径、水力负荷、铀（Ⅵ）的浓度等因素对去除水中铀的影响，建立吸附动力学模型，对相关数据进行拟合分析，研究石英砂负载零价铁材料复合 Thomas 和 Yoon-Nelson 动态吸附模型吸附规律。其研究结果与本试验结果不一致，这是由于其实验使用的复合材料均符合 Langmuir 等温吸附模型，Thomas 模型是假设达到吸附平衡时符合 Langmuir 等温吸附线，而本书所用材料符合 Freundlich 等温吸附模型，Clark 模型是基于 Freundlich 模型假设[23]。

5.4 本章小结

本节通过 PRB 动态柱正交试验，进一步探讨复合材料粒径、填充量、进水铀浓度和水力负荷 4 个因素 3 水平对石英砂负载零价铁－羟基磷灰石复合材料 PRB 吸附地下水中铀的性能，得出以下结论：

（1）A_1 柱约 443 h、A_2 柱约 966 h，B_3 柱约 1840.5 h，A_3、B_1、B_2 和 C_3 柱分别约 1863 h、2467.5 h、2416 h 和 2440 h，2968 h、2848 h 时 C_1、C_2 柱达到耗竭点。

（2）通过正交试验所得数据的极差分析结果表明，吸附量影响因素的主次顺序为材料填充量、进水铀溶液浓度、复合材料粒径和水力负荷，复合材料单位吸附容量可达 31.949 mg・g^{-1}。该试验的最优试验条件组合为石英砂负载 Fe^0-HAP 复合材料粒径为 0.60～1.18 mm，填充量为 30.0 g，进水铀溶液浓度为 7.317 mg・L^{-1}，水力负荷为 13.751 m^3・m^{-2}d^{-1}。通过正交试验所得数据进行方差计算和显著性分析结果表明，复合材料的粒径、填充量、进水铀浓度和水力负荷 4 个因素均为显著的。

（3）利用 Thomas、Yoon-Nelson 和 Clark 三种模型对复合材料动态柱穿透曲线进行拟合分析，发现 Thomas 和 Yoon-Nelson 模型不能很好的描述 PRB 动态柱吸附铀污染物的行为，Clark 模型能很好地描述 PRB 动态柱对铀的吸附行为，印证了在地下水除铀工程应用中吸附机理属于多层吸附。

参考文献：

[1] Chen Z，Chen W Y，Jia D S，et al. N，P，and S Codoped Graphene-Like Carbon Nanosheets for Ultrafast Uranium（Ⅵ）Capture with High Capacity [J]. Adv Sci，2018，5（10）：1800235.

[2] Lv Z M，Yang S M，Chen L，et al. Nanoscale zero-valent iron/magnetite carbon omposites for highly efficient immobilization of U（Ⅵ）[J]. J Environ Sci，2019，76：377-387.

[3] Song S，Yin L，Wang X X，et al. Interaction of U（Ⅵ）with ternary layered double hydroxides by combinedbatch experiments and spectroscopy study [J]. ChemEng J，2018，338：579-590.

[4] Koutsopoulos S. Synthesis and characterization of hydroxyapatite crystals：a review study on the analytical methods [J]. Journal of Biomedical Materials Research Part A，2002，62（4）：600-612.

[5] 陈朝猛，曾光明，汤池. 羟基磷灰石吸附处理含铀废水的研究 [J]. 金属矿山，2009，395：140-142.

[6] 王彩，王少洪，侯朝霞，等. 反相微乳液法制备纳米羟基磷灰石的研究进展 [J]. 兵器材料与工程，2011，34（6）：102-106.

[7] Liu T，Yang X，Wang Z L，et al. Enhanced chitosan beads-supported Fe^0-nanoparticles for removal of heavy metals from electroplating wastewater in permeable reactive barriers [J]. Water Research，2013，47：6691-6700.

[8] 杨通在，罗顺忠，许云书. 氮吸附法表征多孔材料的孔结构 [J]. 炭素，2006，1：78-82.

[9] 宗恩敏. 锆化炭基复合材料的合成及其对磷酸盐的吸附性能研究 [D]. 南京大学，2013.

[10] Chern J M，Chien Y W. Adsorption of nitrophenol onto activated carbon：isotherms and breakthrough curves [J]. Water Res，2003（36）：211-224.

[11] Jinfang Miao，Lifang Liu，Yizhen Lu，et al. Reuse of neutral red-loaded wheat straw for adsorption of Congo red from solution in a fixed-bed column [J]. Advances in Engineering Research，2016，76：332-336.

[12] 范忠雷，查会平，栗帅，等. 乙二胺硅胶材料对铜和锌离子的动态吸附 [J]. 应用化学，2012，30 (1)：93-98.

[13] Zou W，Zhao L，Zhu L. Adsorption of uranium (Ⅵ) by grapefruit peel in a fixed-bed column：experiments and prediction of breakthrough curves [J]. Journal of Radioanalytical and Nuclear Chemistry，2013，295 (1)：717-727.

[14] 宫志恒，郭亚丹，李泽兵，等. 改性稻壳去除废水中砷 (Ⅴ) 的动态吸附试验 [J]. 工业水处理，2019，39 (4)：33-37.

[15] 王惠东. 石英砂负载零价铁的制备及其在 PRB 中除铀效果研究 [D]. 东华理工大学，2017.

[16] 樊晓燃. 地下水中铀污染物在 PRB 中的迁移规律研究 [D]. 东华理工大学，2018.

[17] Vázquez G，Alonso R，Freire S，et al. Uptake of phenol from aqueous solutions by adsorption in a Pinus pinaster bark packed bed [J]. Journal of Hazardous Materials，2006，133 (1-3)：61-67.

[18] Kundu S，Kavalakatt S S，Pal A，et al. Removal of arsenic using hardened paste of Portland cement：batch adsorption and column study [J]. Water Research，2004，38 (17)：3780-3790.

[19] Thomas H C. Heterogeneous ion exchange in a flowing system [J]. Journal of the American Chemical，1944，66：1466-1664.

[20] Xu Z，Cai J G，Pan B C. Mathematically modeling fixed-bed adsorption in aqueous systems [J]. Journal of Zhejiang University-Science A：Applied Physics & Engineering，2013，14 (3)：155-176.

[21] 龚浩，郭劲松，方芳，等. 改性陶粒对水中卡马西平去除的动态吸附实验及模型 [J]. 环境工程学报，2015，10 (7)：3573-3579.

[22] Yoon Y H，Nelson J H. Application of gas adsorption kinetics. I. A theoretical model for respirator cartridge service life [J]. American Industrial Hygiene Association journal，1984，45 (8)：509-516.

[23] Suhong Chen，Qinyan Yue，Baoyu Gao，et al. Equilibrium and kinetic adsorption study of the adsorptive removal of Cr (Ⅵ) using modified wheat residue [J]. Journal of Colloid and Interface Science，2010，349：256-264.

第 6 章

铀在铁基复合材料 PRB 动态柱中迁移数值模拟及预测

地下水数值模拟评估具有有效性、灵活性及相对廉价性，常用来描述饱和地下水流和饱和溶质在含水层中的流动及运移过程，并可利用数值计算的方法来求解定解问题[1]。自20 世纪 60 年代以来，数值模拟开始应用于地下水污染评估、地下水最优管理、水资源开采安全评估等[2]，至今已开发多种地下水模拟软件，如 GMS（Groundwater Modeling System)、Visual MODFLOW、PHREEQC、FEFLOW、TOUGH2、HydroGeoSphere 等[3]，但由于地下水系统的复杂性，到目前为止还没有任何一种软件能解决所有地下水问题[4]。

Visual MODFLOW 是综合已有模型开发的地下水模拟专业人员常用软件，可进行三维水流、溶质运移和反应运移模拟[5]。PHREEQC 是基于地球化学模式用 C 语言编写的进行低温水文地球化学计算的计算机程序，能计算 0～300 ℃范围内的地球化学作用，可进行正向和反向模拟[6]。FEFLOW 是有限元地下水数值模型的杰出代表，是地下水水量及水质计算机模拟软件系统[7]。

GMS 是由 Brigham Young 大学环境模拟研究实验室开发的先进的、基于概念模型的、目前唯一支持 TINs、Solids、钻孔数据、2D 与 3D 地质统计学的地下水流模拟软件。它功能强大，能模拟多相多组分的溶质运移，提供多种组建模型的方法，能准确刻画地层的空间结构等优点。GMS 是在综合已有地下水模型基础上开发的一个综合性的、用于地下水模拟的图形界面软件，具有良好的使用界面，强大的前处理、后处理功能及优良的三维可视效果，目前已成为国际上最受欢迎的地下水模拟软件[8]。

焦友军[9]等运用 PHT3D 软件对铀在含水层中的迁移和吸附过程进行模拟，得出表面络合模型所计算的分配系数 K_d 值更适合描述复杂的不同水文地球化学条件。马腾[10]等利用 Visual MODFLOW 对我国南方某大型尾矿库库区进行研究，讨论了不同条件下铀在地下水中的迁移情况，得出治理前后的不同情况。邓红卫[11]等利用 GMS 地下水数值模拟软件研究在具体实际场地中零价铁 PRB 对硝酸盐的去除情况。模拟过程中结合地下水的对流—弥散作用，在考虑吸附降解是否存在情况下，构建地下水渗流与污染物迁移的三维耦合模型。

本章在室内石英砂负载零价铁—羟基磷灰石复合材料 PRB 动态柱吸附试验的基础上，运用 GMS 软件对 PRB 动态模拟柱试验进行模拟，以进一步研究铀的迁移过程和规律，并对铀在 PRB 中的迁移进行预测。

6.1 铀在 PRB 动态柱中迁移模型

6.1.1 概念模型

本章主要是概化石英砂负载零价铁—羟基磷灰石复合材料 PRB 动态模拟柱渗流和溶质运移条件，构建铀在该柱体中的对流—弥散、吸附耦合数值模型。PRB 动态柱内分别填充粒径为 0.30～0.60 mm、0.60～1.18 mm、1.18～2.36 mm 的石英砂负载零价铁—羟基磷灰石复合材料，可看作均质各向同性介质，柱左右两侧可处理为隔水边界，上下两侧为给定水头边界。水流以垂直方向运动为主，横向水力梯度忽略不计，具有一维流特性，流速稳定，符合达西定律，水流模型可概化为均质各向同性一维稳定流。

6.1.2 数学模型

（1）地下水运动数学模型

溶液在柱体中的渗流数学模型由质量守恒偏微分方程（式 6.1）和初始条件（式 6.2）及边界条件（式 6.3）构成。

$$\frac{\partial}{\partial x}\left(K_{xx}\frac{\partial h}{\partial x}\right)+\frac{\partial}{\partial y}\left(K_{yy}\frac{\partial h}{\partial y}\right)+\frac{\partial}{\partial z}\left(K_{zz}\frac{\partial h}{\partial z}\right)+W=S_s\frac{\partial h}{\partial x} \tag{6.1}$$

$$h(x,y,z,t)\big|_{t=0}=h_0(x,y,z)(x,y,z)\in\Omega \tag{6.2}$$

$$h(x,y,z,t)\big|_{S_1}=h_1(x,y,z,t)(x,y,z)\in S_1,\ t>0 \tag{6.3}$$

式中：K_{xx}，K_{yy}，K_{zz} 为 x，y，z 轴方向上的渗透系数；h 为水头；W 为模型中的源汇项；t 为时间；S_s 为贮水率；Ω 为渗流区域。

依据上述数学模型，GMS 通过 MODFLOW 模块进行地下运动模型的建立。MODFLOW 利用有限差分法对数学模型进行求解。

（2）地下水溶质运移数学模型

在渗流模型基础上，根据 PRB 模拟试验中铀在 PRB 动态模拟柱中的运移情况，利用 GMS 集成的 MT3DSM 模块构建铀的对流—弥散、吸附作用耦合迁移模型，其数学模型由基本方程、初始条件和边界条件组成[12]。

基本方程为：

$$\frac{\partial(\theta C)}{\partial t}=\frac{\partial}{\partial x_i}\left(\theta D_{ij}\frac{\partial C}{\partial x_j}\right)-\frac{\partial}{\partial x_i}(\theta v_i C)+q_s C_s+\sum R_n \tag{6.4}$$

初始条件为：

$$C(x,y,z,t)\big|_{t=0}=C_0(x,y,z)(x,y,z)\in\Omega \tag{6.5}$$

边界条件为：

$$C(x,\ y,\ z,\ t)=c(x,\ y,\ z,\ t)(x,\ y,\ z)\in\Gamma_1,\ t>0 \tag{6.6}$$

式中：c 为地下水中铀浓度，$mg\cdot L^{-1}$；θ 为含水层介质的有效孔隙度，无量纲；D_{ij} 为水动力弥散系数；v_i 为流体动力学弥散系数张量；q_s 为线性孔隙水流速；C_s 为源或汇中铀浓度；$\sum R_n$ 为组分的源或汇通量的浓度，化学反应项。

6.2　参数的确定

根据第3章对粒径0.30～0.60 mm、0.60～1.18 mm、1.18～2.36 mm石英砂负载 Fe^0-HAP复合材料吸附铀的静态实验去除效果研究，表明复合材料吸附铀符合Freundlich等温吸附模型，并根据模型拟合结果求得参数，为模拟工作奠定了基础。现以动态柱试验为例，对各柱进行模拟及预测。在对各PRB动态柱中铀的迁移过程进行GMS模拟时，K_L 和 q_m 的取值可参考表4.9中的取值。

实验室试验所需参数渗流流量 Q（$mL\cdot min^{-1}$）、过水断面面积 A（cm^2）、模拟柱中的地下水渗流流速 Q_{hl}（$m\cdot d^{-1}$）、渗透系数 k（$m\cdot d^{-1}$）、水力坡度 i、孔隙度 n、介质体积 V（cm^3）以及材料密度 ρ（$g\cdot cm^{-3}$）等的取值，汇总于表6.1。

表 6.1　PRB动态柱的数值模拟参数

柱号	粒径/mm	填充量/g	C_0/($mg\cdot L^{-1}$)	Q/($mL\cdot min^{-1}$)	A/cm^2	Q_{hl}/($m\cdot d^{-1}$)	k/($m\cdot d^{-1}$)	i	V/cm^3	ρ/($g\cdot cm^{-3}$)
A1	1.18～2.36	25.0	3.033	3	3.140	13.751	13.751	1.000	18.850	1.429
A2	0.60～1.18	20.0	5.062	3	3.140	13.751	8.240	1.670	12.566	1.600
A3	0.30～0.60	30.0	7.317	3	3.140	13.751	5.700	2.410	25.133	1.538
B1	0.60～1.18	30.0	3.033	2.100	3.140	9.626	9.626	1.000	25.133	1.600
B2	0.30～0.60	25.0	5.062	2.100	3.140	9.626	5.770	1.670	18.850	1.538
B3	1.18～2.36	20.0	7.317	2.100	3.140	9.626	3.990	2.410	12.566	1.429
C1	0.30～0.60	20.0	3.033	1.200	3.140	5.500	5.500	1.000	12.566	1.539
C2	1.18～2.36	30.0	5.062	1.200	3.140	5.500	3.300	1.670	25.133	1.429
C3	0.60～1.18	25.0	7.317	1.200	3.140	5.500	2.280	2.410	18.850	1.600

6.3 模型参数的设置

该模型为一维稳定流溶质运移模型，采用有限差分数值理论模拟铀在 PRB 动态柱中的迁移过程，复合材料吸附铀符合 Freundlich 等温吸附模型，所以在 Numerical engine 中的吸附类型设置为 Freundlich isotherm。此次模拟以本试验中 B_1 柱为例，初始参数的设置见图 6.1～图 6.3。

将 10 cm PRB 动态柱划分为 1 行 40 列的等间距矩形网格，以 B_1 柱为例，其模型空间散离剖分图见图 6.1。

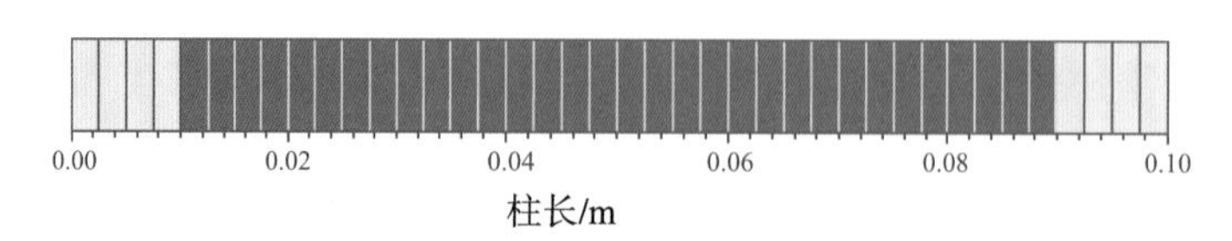

图 6.1　B_1 柱模型空间离散剖分图

根据室内试验所得参数（详见表 6.1）将 Properties 中的渗透系数、孔隙度和初始浓度，以及 Bounddaries 中的定水头、定浓度进行赋值（见图 6.2）。此次模拟中弥散度的取值为室内试验经验值，并经过模型检验加以校正。

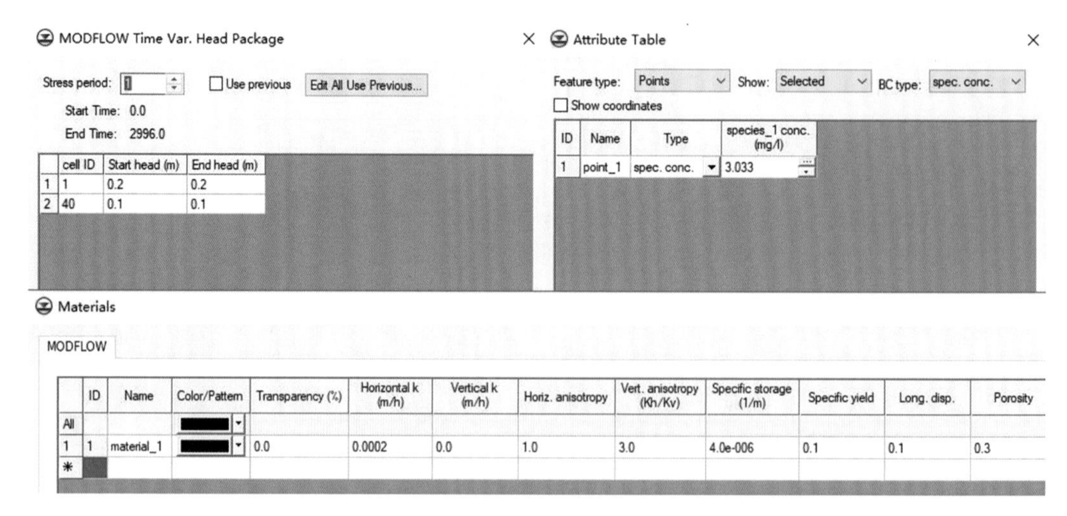

图 6.2　水文地质参数设置图

GCG 计算方法是使用内迭代的方法来计算有限差分方程，该方法比外迭代方法更快。输出控制中，模拟时间 2996 h，最大内迭代次数为 50，最大模拟步长为 1000，倍增 1.1，每个运移步均进行结果输出。

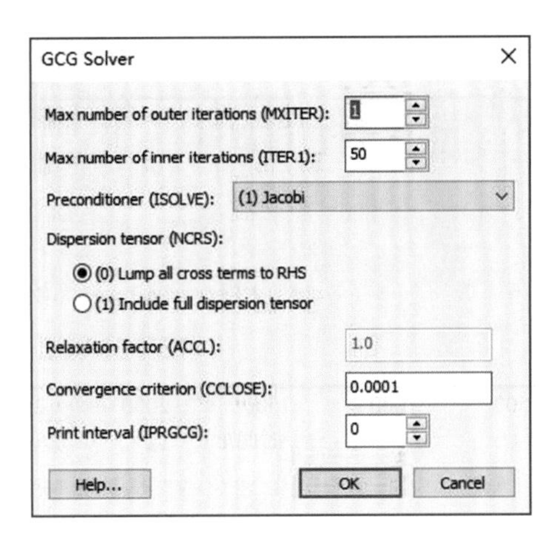

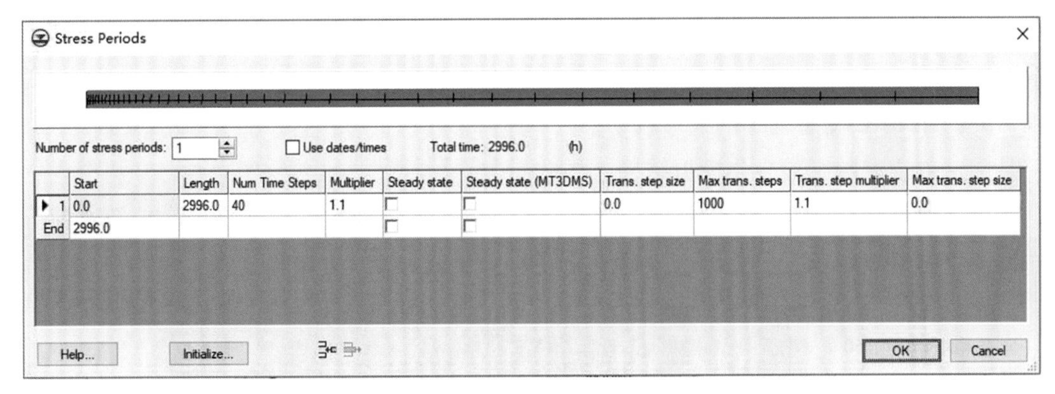

图 6.3　内迭代数值及时间步长设置图

6.4　数值模拟结果与讨论

把 9 根石英砂负载零价铁－羟基磷灰石复合材料 PRB 柱体均进行 GMS 模型数值模拟，根据前文研究，粒径为 0.60～1.18 mm 复合材料实验结果拟合效果较好，现以 B_1 柱为例进行结果讨论。

6.4.1　数值模拟结果

（1）B_1 柱铀浓度随时间变化模拟结果

B_1 柱 PRB 柱体末端铀浓度变化模拟计算结果与实验实际观测值的拟合情况如图 6.4 所示。

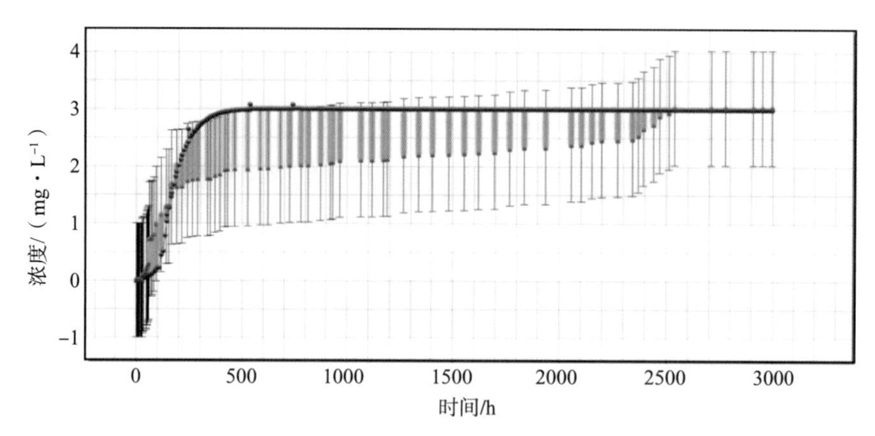

图 6.4　浓度随时间变化模拟结果图

从图中可以看出，90%的计算点均位于观测值的 95%的置信区间内，模型计算出的铀浓度随时间变化规律与试验实测得到的数据趋势一致，表明此模型能较好的反映出铀污染物在 PRB 动态柱中的迁移行为。

（2）铀浓度随距离变化模拟结果

根据模型计算结果，B_1 柱 PRB 柱体中，铀浓度在不同时刻（50～800 h）的空间分布情况如图 6.5 所示。

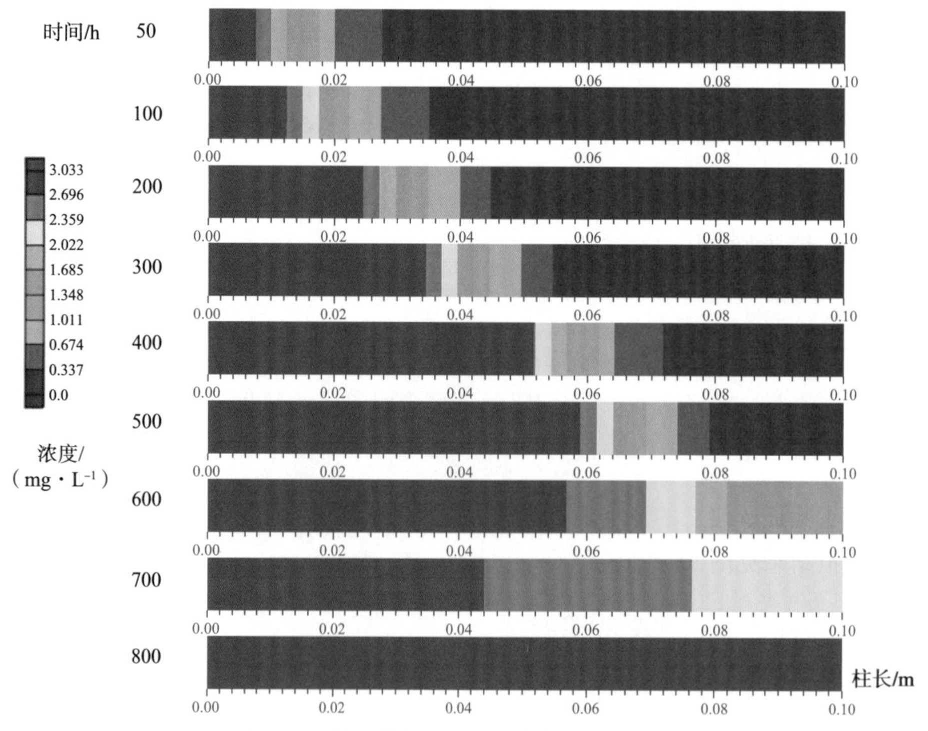

图 6.5　铀污染物迁移过程数值模拟结果图

从图中可以看出，铀浓度随着时间从柱的一端到另一端不断增加，当反应至 300 h 时，0.00～0.02 段铀浓度下降，可能是脱吸的原因，反应至 800 h 时出水孔处的浓度均超过 2.880 mg・L^{-1}，材料完全耗竭，即从反应开始到耗竭的时间为 800 h。

在模型距离入水端 0.02、0.04、0.06、0.08 和 0.10 m 设置模拟观测点，计算获得这些观测点铀浓度穿透曲线如图 6.6 所示。

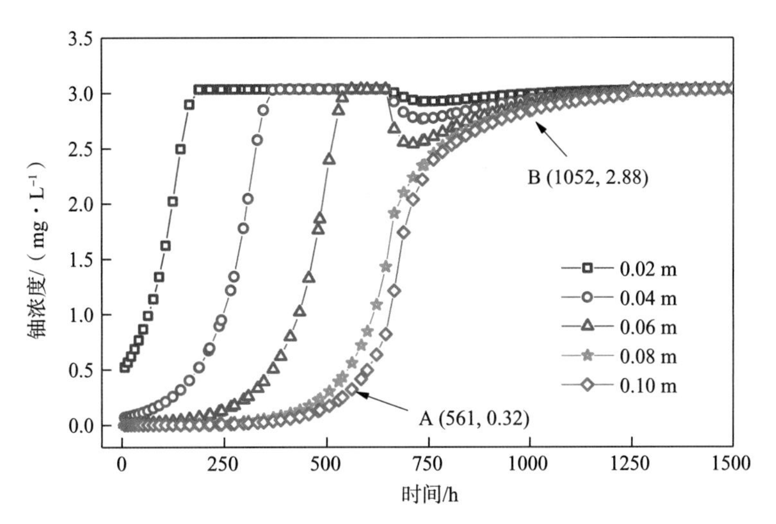

图 6.6　模拟观测点铀浓度—时间曲线图

如果分别以入水初始铀浓度的 10% 和 95% 作为穿透点和饱和点，则图 6.6 所示 0.10 m 处（B_1 柱出水端）的铀浓度穿透曲线 A 点和 B 点分别为该实验柱数值模拟结果的穿透点和饱和点，时间分别为第 561 h 和 1052 h。

需要说明的是，数值模拟过程中存在因计算累积误差导致的一定程度的数值弥散问题，比如图 6.5 和图 6.6 所示 0.02～0.06 m 段 650～700 h 之间铀浓度呈现一定程度的降低，在水动力渗流和入水端溶液组分保持稳定的条件下，理论上不应该出现这种现象，这很可能是由于模型尺度过小，在迭代计算过程中产生的数值弥散所致。

6.4.2　模型验证

为进一步验证所建立的数学模型和模型参数的可靠性，选择同粒径的 A_2 柱作为检验模型，模拟结果见图 6.7。

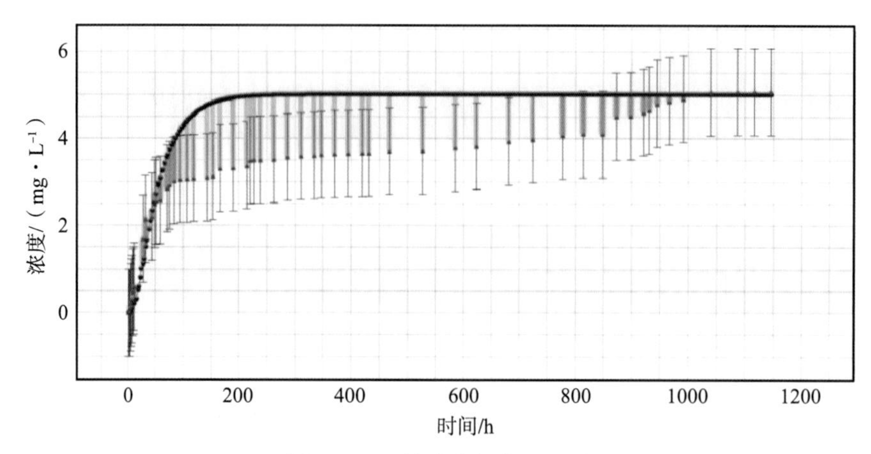

图 6.7　A_2柱浓度拟合过程图

从图 6.7 中可看出模拟得出的铀浓度随时间变化规律与试验实测得到的数据基本一致，说明此模型能较好的反映出铀在 PRB 动态柱中的迁移行为，验证表明所建立的数学模型、边界条件、水文地质参数较合理的。

6.4.3　数值模拟预测

基于上述经过检验和校正的数值模型，对含铀水在石英砂负载零价铁－羟基磷灰石复合材料 PRB 中更长距离的运移进行预测模拟，为 PRB 的长效性研究提供依据。以 B_1 柱为例，将铀浓度设定为 3.033 mg·L^{-1}，预测 PRB 柱长度为 2 m 时，铀污染物在 PRB 内的迁移行为。如图 6.8 所示。

（1）浓度随时间变化预测结果

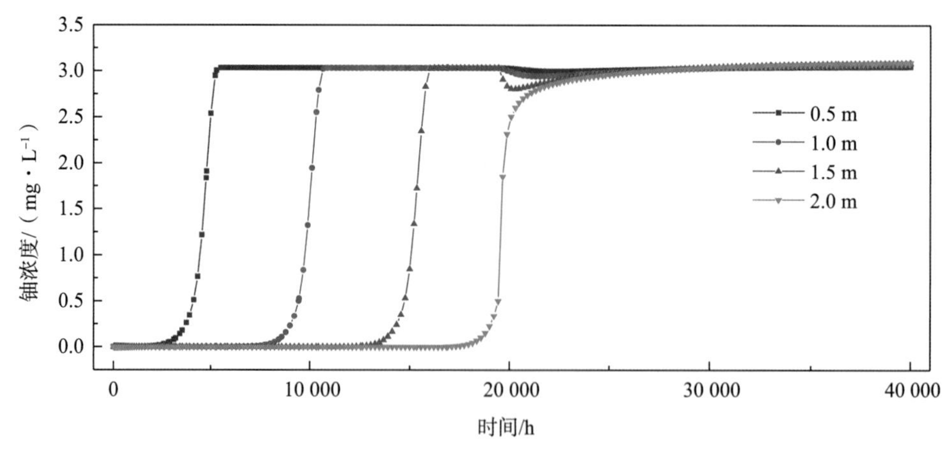

图 6.8　0.5、1、1.5、2 m 处铀污染物浓度随时间变化预测图

（2）浓度随距离变化预测结果

图 6.9 为铀污染物（铀浓度 3.033 mg·L^{-1}）在 2 m 长 PRB 柱中的迁移过程预测图，从图中可以看出 2 m 长的吸附材料达到吸附平衡所需的时间约为 22 000 h，这为下一步 PRB 工程应用和长效性研究提供技术参数与理论依据[13]。

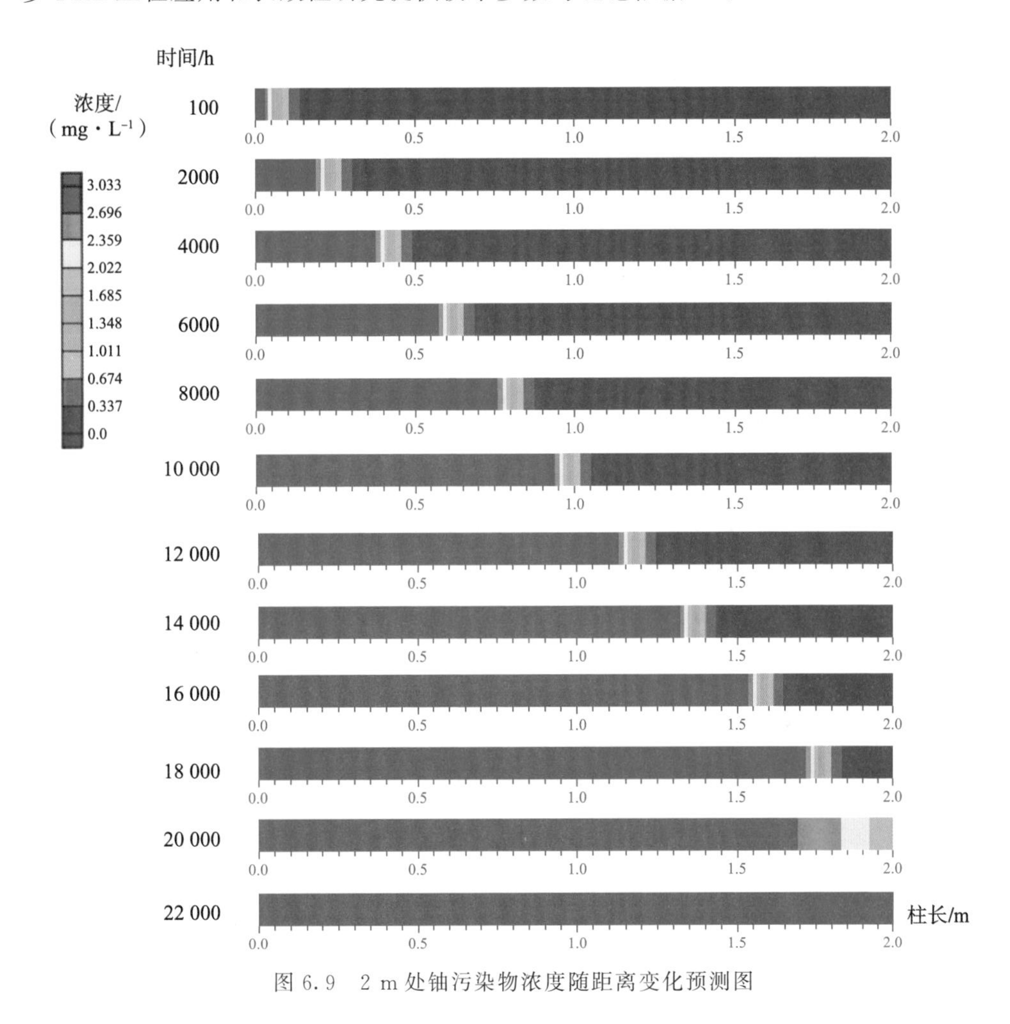

图 6.9　2 m 处铀污染物浓度随距离变化预测图

6.5　本章小结

（1）通过 GMS 中的 MODFLOW、MT3DMS 模块，结合实验结果设置各参数值：渗流流量 Q（mL·min^{-1}）、过水断面面积 A（cm^2）、模拟柱中的地下水渗流流速 Q_{hl}（m·d^{-1}）、渗透系数 k（m·d^{-1}）、水力坡度 i、孔隙度 n、介质体积 V（cm^3）以及材料密度 ρ（g·cm^{-3}）。

（2）根据室内试验所提供的水文地质条件参数建立了的地下水水流模型以及溶质运

移模型。将 10 cm PRB 动态柱划分为 1 行 40 列的等间距矩形网格。GCG 计算方法输出控制中，模拟时间 2996 h，最大内迭代数值为 50，最大运移步长为 1000，倍增 1.1，每个运移步均进行时间输出。

（3）利用模型计算值与实际试验数据的对比完成模型的识别与验证，说明该模型符合实际室内试验所描述的水文地质情况以及铀在 PRB 动态柱的迁移规律。对铀污染物（铀浓度 3.033 mg·L^{-1}）在 2 m 长 PRB 动态柱中的迁移过程的预测结果表明，2 m 长的吸附材料达到吸附饱和，整个含水层被污染所需的时间约为 22 000 h，这为下一步 PRB 工程应用和长效性研究提供技术参数与理论依据。

参考文献：

[1] 高晶霞，马志飞，白杨，等. 可渗透反应墙修复垃圾填埋场砷污染地下水模拟评估研究［J］. 山西水土保持科技，2017（2）：9-12.

[2] Ahmad A A，Hameed B H. Fixed-bed adsorption of reactive azodye onto granularactivated carbon prepared from waste［J］. Journal of Hazardous Materials，2010，175（8）：298-303.

[3] 王庆永，贾忠华，刘晓峰，等. Visual MODFLOW 及其在地下水模拟中的应用［J］. 水资源与水工程学报，2007，18（5）：90-92.

[4] 李凡，李家科，马越，等. 地下水数值模拟研究与应用进展［J］. 水资源与水工程学报，2018，29（1）：99-104，110.

[5] 张文. 应用表面活性剂强化石油污染土壤及地下水的生物修复［D］. 华北电力大学，2012.

[6] 郑佳. 北京西郊垃圾填埋场对地下水污染的预测与控制研究［D］. 中国地质大学（北京），2009.

[7] 杨汝馨. 成都平原农田土壤硝酸盐运移及地下水污染研究［D］. 西南交通大学，2018.

[8] 梁婕. 基于不确定理论的地下水溶质运移及污染风险研究［D］. 湖南大学，2009.

[9] 纪书华. 多孔介质中重金属反应性运移的数值模拟研究［D］. 青岛大学，2009.

[10] 高柏，史维浚，孙占学. PHREEQC 在研究地浸入溶质迁移过程中的应用［J］. 华东地质学院学报，2006，25：132-134.

[11] 焦友军，施小清，吴吉春. 铀尾矿库渗漏地下含水层中六价铀的几种吸附反应运移模型对比［J］. 环境科学学报，2015，35（10）：3193-3201.

[12] 马腾，王焰新. U（Ⅵ）在浅层地下水系统中迁移的反应-输运耦合模拟—以我国南方核工业某尾矿库为例［J］. 地球科学-中国地质大学学报，2000，25（5）：15-20.

[13] 邓红卫，贺威，胡建华，等. Fe^0-PRB 修复地下水硝酸盐污染数值模拟［J］. 中国环境科学，2015，35（8）：2375-2381.

第 7 章

结　论

地下水中铀污染物的去除已经成为环境领域研究的热点问题。HAP 作为一种环境友好矿物材料，铁的活性使得铁基材料广泛应用于污染物的去除，两者在铀去除方面已经有很多实验研究成果，但 HAP 存在吸附容量有限、粉体材料不易回收、过水压力较大等缺点，铁易团聚失活使得它们在应用推广上受到一定的限制。本书利用液相还原法和共沉淀法制备多种铁基-HAP 复合材料应用于地下水铀的吸附研究，得出以下结论：

（1）采用液相还原法制备纳米 Fe^0 和 Fe^0-HAP，共沉淀法制备纳米 Fe_3O_4 和 Fe_3O_4-HAP，利用 SEM、TEM、BET、XRD、FTIR 和 XPS 等表征分析，对比不同材料对铀的吸附性能，筛选出活性、比表面积大，吸附铀性能更好的 Fe^0-HAP 复合材料。考察纳米 Fe^0-HAP 复合材料投加量、溶液 pH、反应时间、铀的初始浓度、温度和其他共存离子等不同因素对铀吸附的影响，反应 150 min Fe^0-HAP 复合材料吸附容量可达 155.775 mg・g^{-1}。准二级动力学模型和 Elovich 适合于描述 Fe^0-HAP 对铀的吸附过程，说明 Fe^0-HAP 对铀的吸附机理主要为化学吸附，复合材料表面是能量异质的，液膜和颗粒内扩散均是限速步骤。复合材料对铀的吸附等温线符合 Langmuir 模型，说明 Fe^0-HAP 复合材料吸附铀更趋近于均匀的单层吸附，其表面物理吸附和化学吸附，共同影响铀的作用。材料也可解决目前含铁材料二次污染问题，纳米 Fe^0-HAP 复合材料去除铀的过程主要为活性位的吸附和反应过程，其去除铀的机理主要是基于吸附、离子交换、还原沉淀和溶解沉淀。纳米 Fe^0-HAP 复合材料是一种有潜力的除铀材料。

（2）采用超声辅助合成方法制备了 Mg/Fe-LDH@*n*HAP 复合材料。所制备的 Mg/Fe-LDH@*n*HAP 复合材料在大多数环境条件下对 U（Ⅵ）具有优异的吸附性能。且具有较大的比表面积（231.4 m^2・g^{-1}）以及丰富的羟基和磷酸根基团，有利于对 U（Ⅵ）的吸附。Mg/Fe-LDH@*n*HAP 通过 Langmuir 模型计算得出的最大 U（Ⅵ）吸附容量达到 845.16 mg・g^{-1}，具有显著优势。同时，Mg/Fe-LDH@*n*HAP 复合材料吸附过程符合准二级反应动力学模型，控制吸附速率的过程主要为表面吸附阶段和化学吸附过程。Mg/Fe-LDH@*n*HAP 材料对 U（Ⅵ）具有较好的吸附选择性，同时，Mg/Fe-LDH@*n*HAP 材料具有良好的再生性能，在 5 次吸附一解吸循环过程后仍能维持 80％以上的吸附性能。

（3）PRB 动态柱正交试验结果表明，复合材料粒径、投加量、铀初始浓度和水力负荷 4 个因素对铀的性能均有显著影响，吸附量影响因素的主次顺序为材料填充量、进水铀溶液浓度、复合材料粒径和水力负荷，复合材料单位吸附容量可达 31.949 mg・g^{-1}。该试验的最优试验条件组合为石英砂负载 Fe^0-HAP 复合材料粒径为 0.60～1.18 mm，填充量为 30.0 g，进水铀溶液浓度为 7.317 mg·L^{-1}，水力负荷为 13.751 $m^3·m^{-2}·d^{-1}$。Clark 模型能很好地描述 PRB 动态柱对铀的吸附行为，印证了在地下水除铀工程应用中吸附机理属于多层吸附。

(4) 借助 GMS 软件，结合 PRB 动态实验结果，建立一维溶质运移模型，模拟了 PRB 动态柱中铀污染物浓度随时间的变化曲线，从而得到了铀污染物在 PRB 中的迁移过程，模拟结果与实测资料拟合较好，此模型比较直接地反映出了铀在 PRB 动态柱中的迁移行为。对铀污染物在 2 m 长 PRB 动态柱中的迁移过程的预测结果表明，2 m 长的吸附材料达到吸附饱和所需的时间约为 22 000 h，这可为 PRB 的长效性研究提供理论依据。石英砂负载 Fe^0-HAP 复合材料是一种有潜力的 PRB 除铀材料。

本书对模拟地下水铀污染进行了较深入的分析，但实际地下水污染成分较为复杂，且其溶解氧浓度会明显低于实验体系，这对于零价铁的稳定性非常重要，今后将会以实际地下水为对象，并维持反应体系低的溶解氧浓度，对几种铁基-HAP 材料进行更为全面的铀吸附性能研究，并进行多维实际场地的实验，铀在复合材料 PRB 中的迁移规律，提供更可靠的实际应用理论指导依据。

吸附材料的稳定性对于吸附特性研究也是至关重要，如果吸附剂与吸附体系中的环境介质、吸附质发生一些化学反应，会在不同程度上影响最佳吸附参数确立、吸附模型建立、吸附机理探讨的准确性。因此，在今后的研究中，对于铀的吸附，应更加关注稳定性能高的有机吸附剂，以避免其与无机物相反应生成铀酰的盐类沉淀或四价铀沉淀。

在选择 PRB 体系的填充（功能）材料时，不仅要考察这些材料的吸附性能，但重点更应关注材料与目标污染物能反应生成沉淀的可能性，因为只有生成稳定的反应产物才是 PRB 体系有实际意义的除污性能。在 PRB 中通过吸附除污不仅可能脱附，而且吸附容量是有限的，进而其除污是有限的。当然，即使是通过化学反应生成稳定沉淀相的除污过程也包括了吸附，是由吸附、化学反应等过程构成的。本次实验合成的复合材料其实是具备了通过化学反应生成沉淀物而实现除污的能力。目前，由于时间和作者知识背景等方面的限制，只研究了吸附过程并进行了数值模拟，在今后的进一步研究中，将重点考虑零价铁与铀酰离子间的氧化还原反应、铀酰离子与磷酸盐之间的反应等。